少年侦探王系列

我是数学侦探王

WO SHI SHUXUE ZHENTANWANG

于启斋　李琳◎编著

华南理工大学出版社
SOUTH CHINA UNIVERSITY OF TECHNOLOGY PRESS
·广州·

图书在版编目（CIP）数据

我是数学侦探王 / 于启斋，李琳编著. —广州：华南理工大学出版社，2018.1（2025. 1重印）
（少年侦探王系列）
ISBN 978 – 7 – 5623 – 5354 – 6

Ⅰ. ①我…　Ⅱ. ①于…　②李…　Ⅲ. ①数学–少年读物
Ⅳ. ①O1–49

中国版本图书馆 CIP 数据核字（2017）第175483号

我是数学侦探王
于启斋　李琳　编著

出 版 人：房俊东
出版发行：华南理工大学出版社
（广州五山华南理工大学17号楼，邮编510640）
http://hg. cb. scut. edu. cn　　E-mail: scutc13@scut.edu.cn
营销部电话：020–87113487　　87111048（传真）
策划编辑：李良婷
责任编辑：李良婷
印 刷 者：广州小明数码印刷有限公司
开　　本：787 mm × 960 mm　1/16　印张：14.25　字数：233千
版　　次：2018 年 1 月第 1 版　2025 年 1 月第 3 次印刷
定　　价：30.00 元

前　言

爱听故事，是孩子们的天性。历史上许多杰出人物从小就爱听故事，例如：爱迪生小时候经常听父亲讲神奇的童话故事，小列宁临睡前经常要听母亲讲睡前故事，高尔基童年时经常听外祖母讲民间传说和唱民谣，鲁迅的奶娘经常给他讲古老的寓言故事……这些故事给了他们深深的启迪，帮助他们打开了广阔无垠的知识之门，引领他们走上了灿烂辉煌的成功之路，陪伴他们逐渐成长为伟大的科学家、革命家、文学家。因此，故事是孩子们成长过程中不可或缺的精神食粮，对他们的心智成长有着不容小觑的深刻影响。

扣人心弦的侦探故事，是故事中的翘楚，最能点燃孩子们的阅读激情。一桩桩疑案、悬案、难案，经过现场勘查、明察暗访和一系列抽丝剥茧式的分析推理之后，真相浮出水面，结局出人意料，让人意犹未尽——这就是侦探故事所具有的魅力。

科学侦探故事更是从少年朋友的阅读兴趣出发，寓科学性、知识性于生动的侦探故事之中。在充满悬疑、紧张刺激的情节中，运用科学知识拨去迷雾，透过蛛丝马迹探寻真相、揭露谜底。更为可贵的是，科学侦探故事巧妙地将科学知识与侦探破案融为一体，让孩子们在阅读过程中情不自禁地跟随着主人公一步步深入案情，在案件的侦破过程中不知不觉地学到科学知识。通过阅读，孩子们能学会在生活中灵活运用科学知识。这个阅读过程能使学习变得更加有趣，使记忆变得更加深刻。

本丛书主要介绍了数学、物理、化学和生物这四门学科与侦探破案有关的故事，其中涉及大量与学科内容相关的科学知识。首先，本丛书的最大特点是将抽象的科学知识编织在有趣的侦探故事中，放弃了枯燥的说教，让科学知识不再抽象难懂，能引起少年朋友的共鸣。俗话说：“兴趣是最好的老师。”

阅读这些故事，能有效地激发读者对理科学习的兴趣，达到不知不觉中学会并运用的效果，这也是作者编写本丛书的目的所在。其次，本丛书设有“知识链接”栏目，将相关的科学知识用通俗易懂的语言加以叙述，将知识梳理得更加缜密、有条理，拓展少年朋友的知识面并加深对相关知识点的记忆。第三，文后设有“破案趣题”栏目——你有最强大脑吗？你是侦查高手吗？“是骡子是马，拉出来遛一遛。”通过“现场考试”，测试学习成果，让你“脑洞大开”，让你“不服不行”！总之，这些栏目的设置，使少年朋友的思维得到进一步的启迪；这些生动、新颖的科学侦探故事，将让少年朋友在“山重水复疑无路”的迷茫中，找到“柳暗花明又一村”的新出路，从而长知识、长见识、长智慧、长胆量，不断提高自己的逻辑思维能力。

本册是少年侦探王系列丛书之《我是数学侦探王》，主要涉及的数学知识有：加减乘除运算、倍数、π 的认识、数列、代数式、一元一次方程、二元（三元、四元）一次方程组、一元二次方程、几何图形、钟表问题、行程问题、逻辑推理等。

本书故事生动有趣，语言幽默活泼，不仅对数学知识进行了诠释，还在思想道德和情操方面给予少年朋友积极的、潜移默化的影响，让少年朋友在学到知识的同时也得到精神的滋养，对培养少年朋友的科普意识和创新精神具有积极的作用。

于舜蛟、鞠心怡、于盛晨、于春晓、于启奎、房红女、张翠玉等同志也参与编写了本书部分内容，在此深表感谢！

愿本书能带领少年朋友去探索数学世界鲜为人知的秘密，去解开数学科学的神秘面纱！希望少年朋友喜欢本书！

目录

第1章

+、−、×、÷
——为破案指点迷津

手机短信引出的线索 / 2
【知识链接】数学符号的由来 / 4
【破案趣题】开机密码 / 5
烧不掉的证据 / 7
【知识链接】数学上的密码 / 10
【破案趣题】破译密码 / 11
绑匪的门牌号 / 13
【知识链接】加法的变通 / 15
【破案趣题】推算车牌号码 / 16
行动日期是哪天 / 18
【知识链接】有趣的数字游戏 / 21
【破案趣题】“销金窟”的开门方法 / 21
探长算账 / 24
【知识链接】从巧猜硬币说技巧 / 26
【破案趣题】审判员的机智推断 / 28
智追抢劫犯 / 30
【知识链接】数列中的规律 / 33
【破案趣题】巧妙捉“鬼” / 34

第2章

数学常识

——谍影重重的数学游戏

支票上的真假笔迹 / 38
【知识链接】阿拉伯数字书写要求 / 41
【破案趣题】由数字入手破案 / 42
查找脚印 / 44
【知识链接】漫话倍数 / 46
【破案趣题】日期的书写习惯 / 47
小侦探破案记 / 48
【知识链接】最小公倍数 / 52
【破案趣题】一网打尽的日期 / 52
巧破杀人案 / 54
【知识链接】对π的认识 / 57
【破案趣题】金环有多重 / 57
保险箱密码 / 59
【知识链接】初识数列 / 62
【破案趣题】偷盗了多少根钢管 / 62
秘密通道的密码 / 64
【知识链接】代数式的值及其解 / 67
【破案趣题】破解保险柜上的密码 / 68
速查箱中的真珠宝 / 69
【知识链接】最优化方法 / 72
【破案趣题】智破毒品交易案 / 72

第3章

“一次”方程

——借助未知数来破案

蜡烛中的犯罪信息 / 75
【知识链接】一元一次方程 / 77
【破案趣题】公安局的光纤铺设 / 78
探长的巧妙安排 / 79
【知识链接】一元一次方程解题步骤 / 81
【破案趣题】购物单泄密 / 83
纠结的分赃案 / 85
【知识链接】代数式 / 89
【破案趣题】糊涂山贼分马 / 90
破解遗嘱 / 92
【知识链接】二元一次方程组的代入消元法 / 94
【破案趣题】贩毒者的年龄 / 95
神探与怪盗的对决 / 98
【知识链接】二元一次方程组的加减消元法及解的情况 / 102
【破案趣题】警察和警犬出击 / 104
智破密码 / 105
【知识链接】三元一次方程组 / 107
【破案趣题】揭开数字的神秘“面纱” / 109
巧查面粉团里的钻石 / 111
【知识链接】四元一次方程 / 113
【破案趣题】智译符号电文 / 114

第4章

“二次”方程

——揭开未知数的背后真相

智闯“魔窟” / 117
【知识链接】二次根式及其性质 / 120
【破案趣题】寻找毒品 / 121
宴会上的谋杀案 / 123
【知识链接】一元二次方程 / 125
【破案趣题】警车的紧急刹车 / 126
一字之差多出百万欠款 / 128
【知识链接】话说复利 / 130
【破案趣题】搭建复利理财网获利 / 131

第5章

几何“算计”

——图形中的破案证据

“中奖”纠纷 / 134
【知识链接】由图形题觅规律 / 136
【破案趣题】数字告密 / 137
“鬼屋”的开门方法 / 139
【知识链接】平面图形中的规律 / 142
【破案趣题】巧移棋子 / 143
巧算逃生 / 145

【知识链接】圆周长的计算 / 148
【破案趣题】在火灾中脱险 / 148
聪明反被聪明误 / 150
【知识链接】圆及圆的切线 / 154
【破案趣题】打靶“比武” / 155
面对生死考验 / 157
【知识链接】相似多边形的性质 / 159
【破案趣题】贪污了多大的小湖 / 160

第6章

时间问题

——钟表上的速度与激情

谁有作案时间 / 164
【知识链接】钟表上的数学 / 166
【破案趣题】怀表里的线索 / 167
一张彩票引发的血案 / 170
【知识链接】时针与分针的重合问题 / 173
【破案趣题】枪响的时间 / 173
巧截杀人魔头 / 176
【知识链接】行程问题 / 178
【破案趣题】最短时间过桥 / 179
巧追骨灰盒 / 181
【知识链接】流水问题 / 183
【破案趣题】最快到达的途径 / 184

第7章

逻辑推理

——拨开疑案迷雾

谁是小偷 / 187
【知识链接】了解推理 / 190
【破案趣题】辨别谁是凶手 / 191
巧判真假罪犯 / 193
【知识链接】话说逻辑思维 / 194
【破案趣题】从嫌疑犯的笔录入手 / 195
追回珍宝 / 197
【知识链接】数的分拆和组合 / 199
【破案趣题】贩毒犯的代号是多少 / 199
短信密码破译 / 201
【知识链接】密码是怎么回事 / 203
【破案趣题】贩毒者身上的密码 / 204
给死囚放风 / 207
【知识链接】由生死签到随机事件 / 209
【破案趣题】罪犯可能逃走的路线 / 210
电脑泄密 / 211
【知识链接】公钥匙密码系统 / 216
【破案趣题】破译电话号码 / 216

第1章

+、−、×、÷
——为破案指点迷津

手机短信引出的线索

波斯是一位刑警队长，在一次执勤任务中抓获了一个可疑分子——绰号“秃头张”的人。顾名思义，秃头张是个光头，姓张。据资料显示，他是一名国际贩毒分子，可在每次交易中，他都没有留下任何蛛丝马迹。可见，秃头张十分狡猾。

波斯队长对他进行审讯，秃头张说：“我是一个商人，做的是正当合法的买卖。你要拿不出我犯罪的证据来，就赶紧把我放了。”这秃头张是见过世面的人，久经沙场，知道警察重视的是证据，没有证据就是天王老子也拿他没有办法。

没有证据，审讯毫无进展。正在这时，秃头张的手机传来一则短信，内容如下：

按节日“生产合约”办，请在火车站候车室7排7座等候。

这对毫无进展的审讯来说，无疑开辟了一条新道路。波斯队长将短信递到秃头张眼前，喝道：“说吧，这条短信是什么意思？”

“唉，我的大队长，我的亲队长，这还不明白吗，是我的一位朋友让我去火车站接他。”秃头张一脸平静，“我敬爱的大队长，难道这个也有错吗？”

“不说是吧，等我们找出这条短信的秘密，你就等着受法律的惩罚吧！”波斯队长可不会相信秃头张的解释，他自己暗暗揣摩起来：这肯定是一个走私接头的暗号，要交易什么贩毒物品。具体的时间又没有交代，难道“生产合约”是接头的时间？那候车室的座位号应该也不是表面看起来那么简单。这个问题使他如坠云里雾里，一时搞不清短信里卖的是什么“药”。

于是，波斯队长将大家召集在一起，研究这条手机短信的秘密。波斯队长说：“这条短信应该是走私的一个信号，具体是什么内容不得而知。现在大家要集思广益，依靠集体的智慧，破解手机短信的秘密，及早解开这个国际贩毒集团活动的秘密，将他们一网打尽。”

在这个艰巨的任务面前，大家动脑认真思考起来。时间一分一秒地过去了，大家的心情越来越紧张。要知道如果在贩毒集团来进行交易时还没有破解的话，则会失去最佳的抓捕时机。时间不等人啊！

“哎，我知道了其中的秘密。”一个小个子警员说，“这个‘生产合约’，应该是一个谜语，因为前面加了一个‘节日’，我看应该是五一劳动节。那‘7排7座’，应该指的是火车到站或接头的具体时间，7点7分。”

“对！对！对！”大家一听茅塞顿开，豁然开朗。想不到这个贩毒团伙还会玩字谜的把戏。

波斯队长想了想，说：“有了，就这么办。”于是，他下达了围捕贩毒分子的任务。

波斯队长乔装打扮，变成秃头张的模样，5月1日7点7分，大摇大摆地出现在火车站，迎接贩卖毒品的接头者。没有想到的是，这次交易对方没有带任何毒品，来人只匆匆扔下一张纸条就走了。

波斯队长展开纸条一看：

●－◆＝15；●×◆＝16；●÷◆＝16；●＋◆＝17。
请于●日凌晨◆点在◆号码头接货。

波斯队长也没有打草惊蛇，悄悄返回。

“哈哈，狐狸尾巴终于露出来了，这一次我们一定要人赃俱获。”波斯队长对同事们说。

“队长，这些符号各代表什么呀？”一个队员不明白这些算式的意义，提出了自己的疑问。

“我已经明白了。”波斯队长经过计算，笑着说，“●表示16，◆表示1，意思是说16日凌晨1点在1号码头接货。”

大家盼星星，盼月亮，终于盼到了令人激动的执行任务时刻。16日凌晨

1点，1号码头与平日里没有任何区别，只是在码头上几个废弃的集装箱里暗藏着真枪实弹的缉毒刑警。

时间1分钟、2分钟、3分钟过去了。贩毒分子还没有露面，难道他们发现了什么可疑之处，不来了吗？还是另有原因呀？缉毒刑警脸上不免沁出了汗珠，但都没有去擦拭。

就在大家万分焦虑的时刻，忽然，传过来几声“汽笛”的声音，一艘货船驶进码头，待货船一靠岸，波斯队长一声令下，刑警们一拥而上。这帮贩毒分子想逃走已经来不及了，终于被一网打尽。

你知道波斯队长是怎么破案的吗？

对于这四个算式，可以进行相关的计算：

●－◆＝15 ①

●×◆＝16 ②

●÷◆＝16 ③

●＋◆＝17 ④

①＋④，得●－◆＋●＋◆＝15＋17，●＝16；把“●＝16”代入①，得◆＝1。

将答案代入“●日凌晨◆点在◆号码头接货”，也就是16日凌晨1点1号码头接货。

【知识链接】数学符号的由来

我们在计算中经常用到“+”“−”“×”“÷”等符号，你可知道这些符号的来历？

“+”“−”出现于中世纪。据说，当时酒商在销售酒时，习惯用横线在酒桶上标出存酒位置，而当再往桶里加注酒时，便用竖线条把原来画的横线划掉。于是，就出现用“−”以表示酒的减少，用“+”来表示酒的增加。

1489年，德国数学家魏德曼在他的著作中首先使用了“+”“−”这两个符号来表示“剩余”和“不足”。

1514年，荷兰数学家赫克把它们用作代数运算符号。后又经过法国数学家韦达的极力宣传与提倡，开始普及，直到1630年，才得到大家的公认。

1631年，英国著名数学家欧德莱认为乘法是加法的一种特殊形式，于是他把前人所发明的“+”转动45度，便成了沿用至今的“×”号。而另一乘号“·”是英国著名数学家赫瑞奥特首创的。

“÷”号最初是作为减号在欧洲大陆流行的。数学家奥曲特首先提出了用“:”表示“除”或“比”，但也有人用分数线表示“比”，后来有人把二者结合起来就变成了“÷”。不过，人们却公认，除号是18世纪瑞士人哈纳创造的，用一条横线将两个圆点上下分开，意为“分解”。不过，也有人认为，“·”（乘）号和“:”（比或除）号都是在17世纪末由发明微积分的著名数学家莱布尼兹创造并引入数学运算的。

平方根号曾经用拉丁文“Radix”（根）的首尾两个字母合并起来表示，17世纪初叶，法国数学家笛卡儿在他的《几何学》中，第一次用“√”表示根号。“√”是由拉丁字线“r”变形来的，“——”是括线。后来慢慢演变，就用“$\sqrt{\ }$”表示平方根号。

大于号“＞”和小于号“＜”，也是英国著名数学家赫瑞奥特于1631年创造的。

【破案趣题】开机密码

李想作为刑侦科唯一的女警员，时常感到“压力山大”。

为什么呢?

原因有二：首先，在体力上，她明显比男警员逊一筹；其次，在搏斗技巧上，她也觉得力不从心。为了弥补这一劣势，她决定在智慧和计谋上下功夫。为此，在博览群书的同时，她还不断向其他人请教。

某天，李想作为刑侦科的代表，要去参加为期半年的培训。培训的主题就是：如何提高刑侦人员的综合能力。这些能力除了观察、推理、记忆、反应能

力之外，还要掌握一些专门知识。

在这持续半年的培训中，李想就像小学生一样，孜孜不倦地汲取着老师、教授的每一点知识。功夫不负有心人，李想以第一名的优异成绩通过了培训课的最后考核。

培训完成，当她回到局里，刑侦科张队长和肖斌他们给她举行了热烈的庆祝仪式——在火锅店里大吃一顿。

吃饭时，肖斌开玩笑地说："李状元，给我们展示一下你这半年来的学习成果吧！"

"没问题！"李想痛快地说，"你们随便出题吧！"

肖斌稍加思索，就说道："我笔记本电脑的开机密码是个 8 位数，你来猜一猜。这个 8 位数从左到右，第二位是除 0 外最小的偶数，第一位是第二位的 4 倍，第三位是第一位减去第二位的差，第四位是第三位除以第二位的商，第五位是第二位乘 2 的积再加上第四位的和，第六位是第三位除以第四位的商，第七位是第五位减去第六位的差，第八位是第七位减去第六位的差。大家都来猜猜。"

大家听完肖斌的问题，全部埋头思考起来。不过还没等大家算出个丁卯寅丑来，李想已经报出了答案。

"这么快！"肖斌惊讶得嘴巴张得大大的，"你不会是猜的吧？"

只见李想不用纸，不用笔，张口就将计算过程说得清清楚楚。她的计算、反应、记忆能力，的确让同事们刮目相看了。

亲爱的读者，你知道答案吗？

李想给出的答案是这样的：

第二位是最小的偶数2，第一位是$2\times4=8$，第三位是$8-2=6$，第四位是$6\div2=3$，第五位是$2\times2+3=7$，第六位是$6\div3=2$，第七位是$7-2=5$，第八位是$5-2=3$。所以，电脑的开机密码是82 637 253。

烧不掉的证据

8月1日中午，烈日炎炎，刑侦大队队长胡飒和队员齐力正开着警车在市中心一带巡逻。一个月内，这里已经发生三起盗窃案了，所以，从本月起，刑侦大队加强在这里的巡逻力度。今天，正是胡飒和齐力执勤。

突然，胡飒的手机响了，是局里的电话，他接起一听：刚有人报案，说新街路星岚商场的一家珠宝首饰店被盗。这帮盗贼真是太猖獗了，在市中心接二连三作案。胡飒队长下决心，一定尽快将盗贼绳之以法。

胡飒和齐力火速赶到现场进行勘查，发现跟之前的三起盗窃案一样，没有发现任何可疑的线索。不过案件也不是毫无进展，经过上一个月的调查取证，他们发现这些盗窃案是多个盗窃分子协同作案。而且经过反复的排查，他们也确定了这帮盗窃分子属于一个组织严密的犯罪团伙，而这帮盗窃分子的头目因为脸上有一道恐怖的疤痕，所以外号叫“刀疤”。但此人行踪诡秘，警察一直找不到他具体的落脚点。

整个下午，胡飒和齐力都在星岚商场附近询问工作人员和路人，但跟前三起盗窃案一样，没有丝毫线索。夜幕降临的时候，胡飒的手机收到了一条奇怪的短信：

夏日酒店里有你们要找的人，房间号是个两位数，两个数字的和是6，两个数的积是两数的商的9倍。

胡飒一看号码，知道是他的神秘线人发的。他从来没见过这个线人的庐山真面目，但之前就收到过他的类似短信。

胡飒急忙在心里计算房间号：

从“房间号是个两位数，两个数字的和是6”可知，6可以分解成两个数，只有三种可能：①1、5，②2、4，③3、3。再根据“两个数的积是两个

数的商的9倍”来分析三种情况，①与②两种组合都不符合要求，只有第③种组合是合适的。

所以，这个房间号是33。也就是说，夏日酒店里33号房间，住着他们要找的人——“刀疤”！

这可是一个重大情报。胡飒和齐力不敢怠慢，火速赶往夏日酒店，经过询问前台得知，33号房间里确实住着一个脸上有刀疤的人。

胡飒立即将情况向局里做了汇报，局长当机立断，下达了抓捕“刀疤”的命令。晚上11点整，胡飒和齐力等8名警察全副武装闯进33号房间，却见“刀疤”正在烧一张纸。没有等他反应过来，齐力就将手铐戴在了他的手上。胡飒和另外一名警察小心翼翼地把点燃的纸吹灭，收集起来。

“刀疤”看着那张纸已经被烧成黑纸，明显松了口气，然后大发脾气，叫嚷道：“我是外侨艾力，我有美国护照，你们为什么侵犯我的人权？我抗议！”

胡飒他们没理会“刀疤”的抗议，把他押到公安局，进行审讯。

“刀疤”还在抵赖，说：“我有美国护照，你们这样对待我，我要控告你们！”

胡飒冷笑着说：“艾力，我们可知道你的美国护照是怎么来的，如果你想要，我可以把全世界各国的护照都办给你看。”胡飒已经调查过，“刀疤”艾力的美国护照属于街头“办证中心”的产物，是个赝品，假货。

“哼，你们为什么抓我？”艾力的底气已经开始不足了，声音也变得无力，“一切都要有证据的，你们把证据拿出来！”他还在苟延残喘，努力挣扎。

“证据会有的。”胡飒不急不躁。

不一会儿，齐力把一份写着“825计划”的文稿扔给了他。“刀疤”一看傻了眼，这不正是他已经烧掉的行动计划吗？他一下子瘫倒在地上，烧掉的东西警察都能查出来，还有什么他们不知道的呢？再抵赖也无济于事了，谁也救不了他。

原来，纸主要成分是植物纤维，是易燃物质。将纸灰进行特殊的处理——“高温灰化”就会显现字迹。其原理是：纸灰经过高温可以进一步燃烧，由于纸张和书写文字的物质（笔墨）耐燃情况不同，产生的变化也会不同，当纸灰再次燃烧，由黑变白时，书写文字的物质（笔墨）便会突现出来，这样，就可以达到显现文字的效果，然后警方对其进行拍照，或进行打印，就会保留下证据，为破案带来转机。

“825计划”是这样的：

迷迷蒙蒙雾，
淅淅沥沥雨；
冷冷清清天，
三三两两人。

把它改成下面的加法竖式：

迷	淅	冷	三
+迷蒙	+淅沥	+冷清	+三两
蒙雾	沥雨	清天	两人

当胡飒看到这份情报时，确实也有点蒙。又是五言诗，又是算术题的，写情报的这个犯罪分子还蛮有才的嘛，就是才能用错了地方。

不过，经过大家的集思广益，胡飒他们很快猜到了情报的真实意思：在上面的四个算式中，每个汉字代表一个数字，相同的汉字表示相同的数，不同的汉字表示不同的数，改成四个等式相对应的加法算式。其四个数字可能就是他们下一次“聚会”的目标！

这四个加法算式都可以用一个统一模式来表示，即：

$$\begin{array}{r} A \\ +AB \\ \hline BC \end{array}$$

由这个竖式可知A加B满10，因此A+1=B，即B比A大1，A、B为连续自然数，满足条件的有5、6，6、7，7、8，8、9。

因此这四个加法算式为：

$$\begin{array}{r}5\\+56\\\hline 61\end{array}\quad\begin{array}{r}6\\+67\\\hline 73\end{array}\quad\begin{array}{r}7\\+78\\\hline 85\end{array}\quad\begin{array}{r}8\\+89\\\hline 97\end{array}$$

盗窃分子想在8月25日攻击商场大楼的61号、73号、85号、97号！

“我想不明白的是，825计划已经被烧毁，你们是怎么知道的？”艾力感到迷惑不解，他想搞明白究竟是怎么回事。

“哈哈！你既然想知道，那我就告诉你吧。”齐力在一旁说道。“把烧掉的文稿保持原状，放进暗室，用红外线照射，再经特殊相机摄影，就可以清楚地看到上面的文字。从而把烧掉的文稿复制出来，再用打印机打印。”

艾力顿时崩溃了，这会儿有了证据，他想赖都赖不掉了，只好老实交代作案计划。

在8月25日那天，警察在商场布下了天罗地网，将盗窃分子一网打尽，消除了社会隐患。

【知识链接】数学上的密码

密码，在我们的生活中有许多应用。例如，在银行存、取款时一般要用到密码。

许多密码是由数字组成的。还有，人们根据数学上的一些定理、性质、规律等等，可以推出一些数字密码。所以说，密码的设置也是离不开数学的。

像11 111这个数很容易记住。如果在需要设置密码时，选用11 111，别人不知道，自己忘不掉，可以考虑。但是，万一被人家发现这个密码怎么办呢？

可以采用双重加密。通常看见11 111这个数，从它由5个1组成，容易联想到“五一劳动节”“五个指头一把抓”“我爱五指山”等等，但是一般不太容易想到把它分解成质因数。这个数可以分解成两个质因数的乘积：$11\,111=41\times 271$。

这两个质因数都比较大，不是一眼就能看得出来的。把两个质因数连写，成为41 271，作为第二层次的密码，就可以再加一道密，争取一些时间，以便采取补救措施。

如果担心破解密码的人也会想到分解质因数，可以加大分解的难度。把两个质因数取得大些，分解起来就会困难得多。例如，从质数表上可以查到，8861和9973都是质数。把它们相乘，得到：8861×9973=88 370 753。

把乘积88 370 753作为第一密码，构成第一道防线；把两个质因数连写，成为88 619 973，作为第二密码，这第二道防线就不是一般小偷能破解的了。即使想到尝试把88 370 753分解质因数，即使利用电子计算器帮助做除法，如果手头没有详细的质数表，逐个试除上去，等不及试除到1000，小偷就可能丧失信心，半途而废。

话又说回来，质因数这么大，时间久了自己忘了怎么办？这一点当然在编制密码时就要想到。选取上面这两个大质数8861和9973，可以用谐音的方法记住："爸爸留意，舅舅漆伞"，就能牢牢记住了。

如果利用电子计算机，把一个不是很大的数分解成质因数的乘积，是很容易的。但是如果这个数太大，计算量超出通常微机的能力范围，那么即使电脑也望尘莫及了。

在战火纷飞的十四年抗战中，我国人民为了保卫国家，保卫和平，同日本侵略者展开了殊死的战斗。有一次，日寇兵分两路向我某根据地大肆侵犯，因而，敌人的情报活动频繁。我地下党为了了解敌人的动向，配合主力部队有力地消灭敌人，他们巧妙地截获了敌人两份军事情报。

从第一份情报中，得知第一路敌军的人数为"ABCS"，第二路敌军的人数为"DADS"，由两份情报得知敌人的总兵力为"GCSSS"人。

面对这些未知数，我方的侦察兵又新获得一份情报："第一路敌军比第二路多。"

参谋部根据所得情况，组织一批得力的破译人员迅速进行破译，终于掌握了敌人的兵力部署，为消灭敌人赢得了作战时的主动权。

后来，我军组织了一定的优势兵力，彻底消灭了这两路敌人。

有兴趣的读者，可以试一试，看能不能把密码破译。

在这里，字母A、B、C、D、G、S各代表不同的阿拉伯数字。

依题意，可列出如下算式：

$$\begin{array}{r} ABCS \\ +\ DADS \\ \hline GCSSS \end{array}$$

处于抗日战争的历史时期，上述加法应是十进制。

因为，$S+S=S$，所以$S=0$；

因为，G是“A+D”进位而来，所以$G=1$。

其余各位应有如下关系：

$C+D=10$ ①

$1+B+A=10$ ②

$1+A+D=10+C$ ③

由①，得$C=10-D$ ④

④代入③，得$A=19-2D$ ⑤

⑤代入②，得$B=2D-10$ ⑥

因为$B>0$，所以$D>5$ ⑦

因为第一路敌军数比第二路多，所以应有$A\geqslant D$，即$19-2D\geqslant D$，解得，$D\leqslant 6$。

综合⑥、⑦两式，得$D=6$。

用$D=6$代入①、②、③的表达式中，求得：$A=7$，$B=2$，$C=4$。

因此第一路敌军人数ABCS＝7240（人），第二路敌军人数DADS＝6760（人），敌军总兵力为：GCSSS＝14 000（人）。

绑匪的门牌号

“丁零零……丁零零……”一阵电话铃声响起，约翰逊探长急忙拿起电话：“喂！什么事呀？”

“约翰逊探长，你一定要帮帮我！”电话那头传来一个女人哽咽的声音。

“怎么回事？”约翰逊探长赶紧问道。

“我的丈夫彼得被人绑架了。”女人说完，已泣不成声。

“夫人，请不要着急，我这就来。”约翰逊探长安慰着对方，“请告诉我您家的地址。”

“瓦内萨街3号。”

“好的，夫人，我马上就到。”约翰逊探长放下电话，和助手驾驶着汽车向瓦内萨街驶去。

半个小时后，约翰逊探长和助手就赶到了彼得家。彼得夫人和她8岁的儿子泰勒正坐在沙发上焦急地等待他。

“请你具体谈一谈彼得先生被绑架的过程吧。”约翰逊探长开门见山，这也是他的一贯作风。

“昨晚9点多，我刚哄我儿子睡着，就有人敲门，是来找我丈夫的，我就把他领进了我丈夫彼得所在的书房。我一直坐在客厅看电视，当我看完电视剧时，一看钟表，都深夜12点多了，也没见彼得和那个男人出来。我感到很奇怪，就进书房去看看。没想到，书房里一个人也没有。我想，也许彼得和那个男人一起从后门出去了，也没在意。”彼得夫人抽泣着说道：“今天早上，彼得还没有回来。我就打他手机，竟然关机了，我感觉不对，就给你打电话了。”

“来人长什么样子呀？多大岁数？”约翰逊探长问。

“40多岁。他戴着棒球帽，帽檐压得很低，还戴着墨镜，模样实在是看不出来。”彼得夫人说道。

“领我们到书房看看吧！”约翰逊探长停止了询问，说道。

彼得夫人赶紧带路，领他们来到二楼的书房。经过一番搜索，情况十分奇怪，因为客人的咖啡杯上没有留下任何指纹和唇纹。看来来人十分小心谨慎，走的时候将指纹和唇纹都擦干净了。

约翰逊探长继续检查彼得的书桌，发现了一个奇怪的现象：桌子上的台历上草草写着7、8、9、10、11这几个数字，好像最近才写上去的。

他连忙问道：“彼得夫人，您见过这些数字吗？”

“没有，彼得从来不在台历上写什么。”彼得夫人十分笃定地说。

“哦，原来如此，那请您提供给我一些可疑分子的名单。”约翰逊探长要求道，“比如好朋友或什么仇人。”

“麦克、舒特、查夫、杰森……可是，得罪的人又不可能是绑架者呀？”彼得夫人疑惑地说。

“就是他，绑架你丈夫的是杰森。”约翰逊探长说。

“为什么呀？”彼得夫人更加迷惑了。

“彼得先生在被绑架之前，在台历上写下了这几个数字。他不能直接写罪犯的名字，怕让他看见，所以就写下了7、8、9、10、11这一串数字。”约翰逊探长解释。“这一串数字是什么意思呢？在英语里7月、8月、9月、10月、11月的字头连起来正好是J-A-S-O-N，也就是杰森（Jason）的名字。”

“夫人，您知道杰森住在哪里吗？”约翰逊探长继续问。

“他住在向阳大街西胡同里，但门牌号我不知道。”彼得夫人说。

“我知道！”一直默不作声的泰勒突然大声说道，“杰森叔叔跟我说过。”

“是多少呢？”约翰逊探长连忙问道。

“他说胡同的门牌号从1开始后，挨着往下排。如果除去他家门牌号，把其余各家的门牌号数加起来，再减去他家的门牌号数，刚好等于100。”泰勒大声说。

“呵呵，知道了，多亏了你，泰勒！”约翰逊探长夸奖他道。

“那他的门牌号是多少？”彼得夫人又问道。

“哈哈，夫人，答案就是10。”约翰逊探长笑着回答，然后回头对助手说："你到向阳大街西胡同10号去逮捕他。"

果真，助手在向阳大街西胡同10号逮捕了杰森，在他家的地窖里救出了彼得先生。

一切都同约翰逊探长分析的那样。约翰逊探长是怎么知道杰森的门牌号的呢？他是这样计算的：

除去杰森家的门牌号外，各家的门牌号码之和减去杰森家的门牌号是100，说明全胡同的门牌号（包括杰森家的）减去2个杰森家的门牌号也是100，因此，全胡同门牌号之和一定大于100，它与100的差是杰森家门牌号的2倍。

这样，1+2+3+4+5+6+7+8+9+10+11+12+13+14=105，105−100=5，可5除以2得不到整数，不符合条件。所以符合条件的就是1+2+3+4+5+6+7+8+9+10+11+12+13+14+15=120＞100，比100多20（2个杰森家的门牌号），20÷2=10，10号就是杰森的门牌号。

【知识链接】加法的变通

加法是数学基本的四则运算之一，对于数来说，加法是指将两个或者两个以上的数合起来，变成一个数的计算。被合并的数称作"加数"，合并的过程称作"相加"，相加的结果称作这几个加数的"和"。所以，加法也就是求和的运算。例如，数 a 和 b 相加等于 c，记作 $a+b=c$，这里的 a、b 是加数，c 是它们的和。表达加法的符号为加号"+"。

加法运算适合交换律和结合律。

加法交换律：$a+b=b+a$，例如，8+1=1+8=9，100+2=2+100=102。

加法结合律：$a+b+c=a+(b+c)$，例如，7+4+1=7+（4+1）=（7+4）+1=12，10−5+2=10−（5−2）=7。

在实数范围内，同号两数相加，取原来的符号，并把绝对值相加。异号两数相加，取绝对值较大的数的符号，并用较大的绝对值的数减去较小的绝对值的数。

任何数加0仍得原数。

数的相加，是加法运算中最简单的一种。在近代数学中，如向量、矩阵等也各有加法运算，这种计算是比较复杂的。这一部分内容在高中阶段会进一步学习。

【破案趣题】推算车牌号码

深秋的一天，小雨淅淅沥沥下个不停。人们匆匆赶路，街道上的车辆已很少了。

警官老张和两个警员乘警车来到一个十字路口。只见一个男子踉踉跄跄跑出来拦车。

“什么事情呀？”开车的警员来个紧急刹车，伸出头问。

“警察先生，我的车刚才被……被……一个坏人给抢去了。”男子说完竟倒下了。

老张他们一看不好，马上下车抢救，按他的人中，那男子苏醒了。警员马上拨打120电话。

在医院里，医生给那位男子输液，那男子似乎清醒了些，断断续续说道：“一个陌生男子让我停车……要坐我的顺风车……我刚开车门……他把我拉下来，一拳把我打倒……我滚到路边的沟里去了……他开车跑掉了……”说完这些，男子又昏迷了过去。

主治医生说：“经过初步检查，这位病人可能滚到沟里时碰伤了脑子，有时清醒，有时迷糊，可能出现片段性失忆，记的东西也很古怪。”

经过抢救，男子的病情终于稳定下来，又隔了大半个小时才醒过来。

“你的车牌号是多少？”警官老张问。

“我车牌号是很难记的，没有两个数字相同，也没有一个零。”男子说，“不过我记得，百位数比十位数大，千位数比个位数大，而且千位数等于个位数加二。”这个男子果真被撞坏了脑子，连自己的车牌号都记不住，但却能记住自己车牌号的规律。

一个警员说：“你提供的资料太少了，我们无法帮你找到车。”

“是啊，我记得的资料不多。”男子似乎在努力回忆，“哦，我还记得，把我家的门牌号的四个数字从右向左读，就等于我的车牌号码。”或许他脑子真“进水”啦！

“这对我们有帮助。”另一个警员说，“那你家的门牌号是多少呀？”

“具体的门牌号，我也记不得了。”男子回忆着，“但记得门牌号与车牌号码相加，等于16456。”

“噢，根据你现在提供的数据，我们就可以算出你的车牌号码。”老张说着，就自己算了起来。不一会儿，他就有了结果。

老张急忙打电话通知：“各路严密盘查来往车辆的号码，看到9317的号码，马上扣留。”

10分钟后，老张接到电话，说在一个路口截获了一辆车牌号是9317的车，并逮捕了那个抢劫犯。

想一想，你能根据以上的数据算出车牌号码吗？

假设车牌号是ABCD，则门牌号是DCBA，并得算式如下：

$$\begin{array}{r} ABCD \\ +DCBA \\ \hline 16456 \end{array}$$

由于车牌号千位数等于个位数加2，所以A－D＝2。又由以上算式知道B+C≠C+B，由式子可知个位数A+D=16，所以A=9，D=7。

由算式的十位数可知C＋B＝4。则C、B可能是1、3或3、1，但不可能是2、2或0、4，因为车牌号没有两个数字相同，也没有零。

车牌号的百位数字比十位数字大，所以B为3，C为1，车牌号就是9317。

行动日期是哪天

阿三是一个盗窃团伙的“通信兵”，就是负责传信送情报的。一天夜里，团伙的老大黑仔将一份情报交给他，并叮嘱他第二天早晨一定要安全地送到盗窃团伙分部的头目大楞那里去。情报里的内容是下次盗窃行动的信息。

阿三揣着情报小心翼翼地走在回家的路上，还不时地回头看看是否有人跟踪。也不怪他这么谨慎，实在是因为老大将情报交给他的时候表情太严肃了，就像是交给他几百万美元似的。

突然，阿三停住了，因为他看到路旁一家商店的卷帘门没有关好，被一个拖把别住了，底下留下的空隙正好一个人爬过。你说这家商店的主人粗心不粗心？

“这不是‘邀请’我进去‘拿’点东西吗？”阿三心里窃喜道。原来，阿三也是个小贼出身，因为有点小聪明，所以才被黑仔任命为“通信兵”。好久没有“工作”了，看到这样的情景，阿三还真有点心痒难耐。

这时候，阿三早将情报的事情抛到爪哇国去了。他左看看右看看，确定附近没人，就悄悄地溜到商店门口，趴下身子，慢慢地爬进了商店里面。

他直起身，先按下了电灯开关，灯亮了，屋里立刻变得灯火通明。阿三一看，原来这是一家小超市。他不忙着“拿”东西，却开始在超市逛起来。

他十分机灵小心，避开了所有摄像头对着的区域。他逛了半天，挑选了一个电饭煲，这正是他需要的东西，也算是这个小超市里最贵的东西了。最后，他来到了收银台前，用一根随身携带的盗窃工具打开了抽屉，看了看，里面有几张百元大钞和一些零钱，但是他没有拿。他可不想让人一上班就发现被偷了。

然后，他又看了一眼商店，实在没什么可拿的了，就开始“打扫战场”。他先观察了一下是否留下脚印，没有！又将自己刚刚碰过的所有东西用衣角擦了下，以防留下指纹。最后，他才带着电饭煲慢慢地爬出超市，先用脚将那根别住卷帘门的拖把踢开，然后使劲拉好卷帘门，再用衣角擦了一下卷帘门上手碰过的地方。

他十分得意地想：“我没拿收银台的钱，电饭煲也是从箱子里拿的新的，除非有人打开箱子，否则不会有人发现这里晚上也曾有‘客人’光顾。”想着想着，自己竟然哈哈大笑起来。

但是第二天，超市主人一打开卷帘门，就知道昨晚有人来过。

为什么呢？阿三不是“打扫”过“战场”了吗？那破绽究竟是什么呢？

原来阿三忘记关灯了！真是要想人不知，除非己莫为。

超市主人一看灯开着，就知道昨晚有人来过，他可是清清楚楚记得自己将所有灯都关好的。他先打开收银台的柜子看看钱有没有丢，一看没丢，他又将所有的商品检查了一遍。最后发现，丢失了一个价值300多块钱的电饭煲。于是，他赶紧报了警。

警察随即赶到了这里，经过仔细搜查，没发现任何指纹、脚印和监控录像等有用的线索。不过，当警察检查卷帘门的时候，发现了一根头发。

他们肯定这不是超市主人的头发，因为超市主人是个秃头。这根头发就是阿三爬过卷帘门的时候被扯下来的。

警察将头发带回警局化验，结果显示：头发里的DNA与惯犯阿三完全吻合。于是，警察火速赶往阿三的住处。当他们赶到的时候，阿三正在呼呼大睡呢。

警察将阿三逮捕后，又对他的住所进行了搜查，在他换下的衣服口袋里发现了一张纸，上面写着：

大楞，将1～8这八个数填入下图的各个空格内，使得每一横行、每一竖行列成的算式都成立。

	−		=	
÷				+
		填等式		
=				=
	×		=	

四个角上的数字和就是我们行动的时间，在绿叶商场后门集合。

这正是盗窃团伙的头目黑仔交给阿三，让他务必准确送到的情报。原来黑仔很喜欢数学，在一些行动中往往用数学游戏代表行动计划和时间。

警察一看情报，就判断出这是一个盗窃团伙。为了不打草惊蛇，他们假装没有发现这份情报，然后罚了阿三1000元钱便将他放走了。

17日这天早晨，大量警察穿上便衣在绿叶商场附近守候。果真，到了深夜两点多，盗窃团伙的所有人，包括头目黑仔、“通信兵”阿三，还有分部的头目大楞，都赶到了商场的后门。正当他们要按计划行动时，警察从角落里一涌而出，将他们全部抓住，来了个一网打尽。

噢，你知道警察是怎么知道盗窃团伙要在17日行动的吗？

答案如下：

6	−	5	=	1
÷				+
3		填等式		7
=				=
2	×	4	=	8

8	−	7	=	1
÷				+
4		填等式		5
=				=
2	×	3	=	6

解答这个谜题可用试验法，但不能乱试验，如果不加分析地胡乱试验，恐怕要实验上百次才能找到答案。所以，我们填等式时必须认真分析题意，先仔细观察算式的特征和题目中的数量关系，然后从中确定解题的突破口和进行试验的顺序。只有这样才能减少试验的次数，较快地找出答案。观察上图可以发现一

个问题，这个图形实际上是四个等式的相连。在这四个等式中，1～8之间出现等式[ ]÷[ ]=[ ]的情况比较少些，所以可以从这个等式开始试验。

你能找到答案吗？答案不止一个。不过，把四个角上的数字相加，和都是17。这就是警察判断盗窃团伙在17日作案的依据了。

【知识链接】有趣的数字游戏

相信大家都玩过数独。数独是一种运用纸、笔进行演算的逻辑游戏。需要根据9×9盘面上的已知数字，推理出所有剩余空格的数字，并满足每一行、每一列、每一个粗线宫（3×3）内的数字均含1～9，不重复。每一道合格的数独谜题都有唯一答案，推理方法也以此为基础，任何无解或多解的题目都是不合格的。

<table>
<tr><td></td><td></td><td></td><td></td><td></td><td></td><td>2</td><td></td><td></td></tr>
<tr><td></td><td>1</td><td>2</td><td></td><td></td><td>6</td><td></td><td>9</td><td></td></tr>
<tr><td></td><td>3</td><td></td><td>2</td><td>5</td><td></td><td></td><td></td><td>1</td></tr>
<tr><td></td><td></td><td>8</td><td>1</td><td></td><td></td><td></td><td>4</td><td></td></tr>
<tr><td></td><td></td><td>5</td><td></td><td>7</td><td></td><td>3</td><td></td><td></td></tr>
<tr><td></td><td>4</td><td></td><td></td><td></td><td>2</td><td>9</td><td></td><td></td></tr>
<tr><td>2</td><td></td><td></td><td></td><td>3</td><td>4</td><td></td><td>7</td><td></td></tr>
<tr><td></td><td>7</td><td></td><td>9</td><td></td><td></td><td>6</td><td>5</td><td></td></tr>
<tr><td></td><td></td><td>3</td><td></td><td></td><td></td><td></td><td></td><td></td></tr>
</table>

【破案趣题】“销金窟”的开门方法

临海市是个著名的旅游城市，这里北部傍山，南部临水，山清水秀，繁花似锦，人们安居乐业。然而，这些并不是全部。在这座城市的地下，有一个叫作“逍遥城”的地方，这里表面上是一座娱乐城，背地里却被人们称为“销金

窟”。在这里不仅能买到各种奢侈品，而且还能买到便宜的“黑货”，即抢劫或偷盗来的赃物。

一个星期前，临海市的商业银行遭到犯罪分子持枪抢劫。刑侦人员经过多方调查，查到了抢劫的钞票都被送进了逍遥城。田队长立即申请了搜查令，带着二十几号人，开始对逍遥城进行又一次的大搜查！他们在排查所有的下水道的入口时，发现了一个奇怪的入口。这个入口被安置在总经理办公室的座椅底下，上面盖着厚厚的一层地毯。如果不仔细搜寻，很难发现这么隐秘的地方。

田队长命人打开铁盖，他带着队员程林全副武装地下到地道里。地道里安装了电灯，过道里也干干净净，没有任何的脏东西。显然，这里就是通往地下二层的入口。过道不是很宽，只能容纳两人并肩而行。田队长和程林顺着地道左拐右拐之后来到一扇门前，只见这扇门是用不锈钢制成，上面有这样的一个图案：

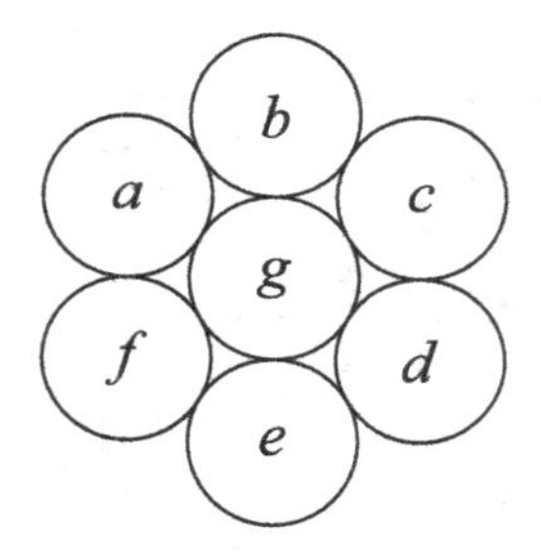

下面还有着这样的提示：

“把数字1、2、3、4、5、6、7这七个数字，填到七个圆槽里，使每一条直线上的三个数字之和都相等，而且使外圈中的$a+c+e=b+d+f$，哈哈，大门自开！你这个没脑子的。”

看来，这门的符号是教给那些忘了开门方法的人的。

如此费尽心机，里面肯定大有玄机。

田队长仔细观察了门上的图案，发现在这些符号里有一个半球状的凹槽，周围有一些数字球，可把数字球放到半球状的凹槽里。

看来关键就是把这些数字填到凹槽里。但是怎么填呢？田队长冥思苦想起来。

亲爱的读者，你们知道要如何安放这些球吗？

答案：

1～7这七个数字，最中间的是4，而大小两头相加都相等：1+7=2+6=3+5=8。

把4放在正中间，使得1，4，7；2，4，6；3，4，5各在一条直线上，它们相加都等于12。又因为$a+c+e=b+d+f$，可推算1+5+6=2+3+7。对a、b、c、d、e、f、g进行数字调排，与它们相对应的数字分别是1、2、5、7、6、3、4。

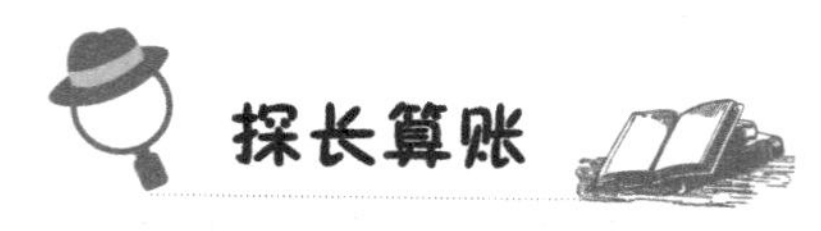

探长算账

秋野生性喜欢破案，也颇有破案的天赋。闲着没事他就喜欢看一下破案的书，周围邻居有问题都找他，他只需几天工夫就会给人家解决。这样，他的名声就越传越大，来找他破案的人也越来越多。他为此请了不少假，单位领导就不满了，便对秋野说："你有破案天赋，又喜欢破案，干脆成立一家私人侦探所好了。"说者无心，听者有意。秋野很快成立了"阳光私人侦探社"。

私人侦探社自成立以来，找上门办事的人络绎不绝，事无巨细什么都来找他。

一天，安达拿着一本账簿来找秋野探长，他指着一行被墨汁溅污的账目，对秋野说："我公司的会计将账本上的一笔账用墨水溅污了，我考虑他是想做假账贪污，所以我想让秋野探长给我查明这笔账的具体数字。"说着，将手中的账簿递给了秋野探长。

秋野探长接过账簿，安达指着上面溅污的一行说："这笔账是记录上月某商品的单价、销售量及销售金额。"

单价	销售量	销售金额
667元	……（件）	……582（元）

"因为会计特意溅上了墨水，致使销售数量全部看不清了，销售金额本是一个六位数，现在也只剩下末尾三位数了，你看这笔账还能还原吗？"

在安达眼里，这简直是一堆乱账，也是一笔糊涂账。然而，秋野探长听后立即说出："哦，这笔账好算，销售量为746件，销售金额为497 582元 。"

"哦，秋野探长，你不是开玩笑吧，怎么会一开口就说出数目呢？"安达睁大眼睛惊讶地说道。

"这件事怎么能开玩笑呢。"秋野探长微笑着说，"先用582乘以3得

1746，其末尾三位数746就是销售量。因为销售金额是个六位数，所以销售量只能是三位数。再用667乘以746就得497 582，这是销售金额。”秋野探长十分熟练地说，如同一位算数大师在表演。

为什么要这样算呢？秋野探长没有解释，想必其中的道理是比较简单的。安达也没好意思再问。看来不耻下问也是有难度的，因为这要降低身份，敢把自己当一名小学生，有几个人能够做到呢。这样，会计最终在数字面前要不了“花枪”了，安达很感谢秋野探长的速算。

又有一天，安达拿着一张破损的账单对秋野探长说：“这个会计很有问题，经常把账给弄坏了。这不，这张账单是记录着我公司近12天来某种商品的销售情况，会计说是不小心，我看他是特意撕掉了一半，那一半上记录着该商品每天的零售量及每天的销售金额，没有这些数据，我怎么知道这12天的销售总额呢？我急得没有办法，只好求探长你帮忙了。”

秋野探长听后，微微点头，没有作声，显然是等安达先生提供更多的情况，以供参考。

安达也是聪明人，见这样，马上接着说：“被撕掉的账单上大概有这些数据，这种商品每件零售价为18元，12天每天的销售量在400件以内，最少的一天也有190多件，每天的销售金额都不同，但都是四位数，而且这四位数由不同的数字组成，有趣的是每天都是这四个数字。我能够想起来的就是这些了。”

这简直是绕口令，一笔难算的账。不！至少秋野探长不是这样认为的。

秋野探长认真思考了一会儿，说：“每天的销售量都是18的倍数，所以销售额必定是能够被9整除的偶数。又由于每天的销售额是由4个不同的数字组成的四位数，所以这4个数字只有以下14种可能（每一组的4个数字的和均为9的倍数）：

（1，2，6，9），（1，2，7，8），（1，3，5，9），（1，3，6，8），（1，4，5，8）
（1，4，6，7），（2，3，4，9），（2，3，5，8），（2，3，6，7），（2，4，5，7）
（3，4，5，6），（3，7，8，9），（4，6，8，9），（5，6，7，9）

其中，除了（1，3，5，9）（3，7，8，9）和（5，6，7，9）外（没有偶

数字或只有一位偶数数字），每组数字都能组合出12个或12个以上不同的四位数偶数。但是，唯独（3，4，5，6）这一组所组合出的12个四位数偶数中最小的一个是18的190多倍，所以只有这一组合适。”

“那么，用这一组数字组合成的12个四位数偶数是：

3456，3546，3564，3654，4356，4536，5346，5364，5436，5634，6354，6534，它们的和是57 780。”

于是，秋野探长用很短的时间，巧妙地算出了安达的棘手账，这12天的销售总额为57 780元。

安达先生借助秋野探长的奇妙计算，掌握了会计大量乱改账、做假账的证据，识破了他贪污的伎俩，最终将会计解雇了，并让他交出了所贪污的款项。

【知识链接】从巧猜硬币说技巧

小魔术师丹丹说：“我这个袋子里面装有100枚硬币，只要大家抓出一把硬币，按照我的要求去数，我就会如诸葛亮一般能掐会算，猜中你一把抓了多少枚硬币 。够神吧！”

“哇！有意思。”观众在议论。

“不信，我就玩给大家看。”丹丹咧着嘴说。“大家先推荐一个人来抓一把硬币。”

“我来！”旁边的倩倩手痒不已，面对小魔术师送来的硬币袋，她伸进手去抓了一把。

接着，小魔术师丹丹说：“你必须按我的话去做：先按3枚为一份去数，把最后剩下的硬币数告诉我；接着再按5枚为一份重新数一遍，再把最后剩下的硬币数告诉我；接着再按7枚为一份重新数一遍，还要把最后剩下的硬币数告诉我。这样，我就能说出倩倩一把抓了多少枚硬币。”

不一会儿，倩倩报出了结果：“按3枚为一份去数，没有剩下；按5枚为一份去数，剩下3枚；按7枚为一份去数，最后剩下1枚。请问，我一把抓了多少枚硬币？”

“你抓出的硬币是78枚。对不对呀？”丹丹脱口而出。

“对！正是78枚！”倩倩十分惊讶，她对丹丹佩服得五体投地。

“好，下面再找一个同学来抓。”丹丹乐了。站在旁边的女生莉莉顺势把手伸进了布袋，抓出了一把，并立马数起来。

“丹丹你听好！”莉莉很快数完了，“以3枚为一份去数，剩下1枚；以5枚为一份去数，剩下0枚；以7枚为一份去数，剩下6枚。那我一手抓了多少枚Coin？”呵！她竟英汉“联姻”，引起了观众的大笑。

“Ok！”丹丹更乐，脱口而出，“55枚！对不对？”

“对！正好是55枚。”莉莉回答干脆而响亮。

顿时，观众响起了热烈的掌声。

胖胖趁势把手伸进布袋一抓，迅速数了数硬币，笑着说道：“我按3枚为一份去数，剩下2枚；按5枚为一份去数，剩下3枚；按7枚为一份去数，剩下1枚。丹丹，我一共抓了几枚硬币呀？”

“你一定抓了8枚。”丹丹对答如流。

这是怎么回事，丹丹为什么这样神呀？

倩倩所抓的硬币，按3枚为一份去数，余数为0枚；按5枚为一份去数，余数为3枚；按7枚为一份去数，余数为1枚。这样，第1次的余数乘以70，第二次的余数乘以21，第三次的余数乘以15，再将这三个得数相加，最后得数即为倩倩所抓的硬币数。即：$0\times70+3\times21+1\times15=0+63+15=78$。

莉莉所抓硬币数是：以3枚为一份去数剩下1枚，余数乘以70；以5枚为一份去数剩下0枚，余数再乘以21；以7枚为一份去数剩下6枚，余数乘以15，列算式为：$1\times70+0\times21+6\times15=70+0+90=160$。

胖胖所抓硬币数是：以3枚为一份去数剩下2枚，乘以70；以5枚为一份去数剩下3枚，乘以21；以7枚为一份去数剩下1枚，乘以15，列算式为：$2\times70+3\times21+1\times15=140+63+15=218$。

丹丹所报出的后两组数显然与上面的计算有矛盾。丹丹的答案中莉莉抓的是55枚，胖胖抓的是8枚，跟他们除以不同的被除数（3，5，7），并报出的余数是符合的呀，这到底是怎么回事呢？这里也有诀窍：

当得数大于105时，就必须减去105，剩下的数即为所抓硬币数。像莉莉所抓硬币的计算结果是160，显然大于105，则160-105=55，这正是莉莉所抓的硬币数。还有，当得数大于210时，必须减去210，则218-210=8，这又正是胖胖所抓的硬币数 。

【破案趣题】审判员的机智推断

阿一海是一家公司的采购员，他以代买笔记本为名，先后骗得9位外省顾客数额相等的现款。这件事情败露后，他被告上法庭，司法人员通过大量的取证，证据确凿，应该追究他的责任。当司法机关追查时，阿一海玩了一个伎俩——“脱身法”，他说：“是啊，我是骗过9个人的钱，人民币共1984元，请求政府给予宽大处理。”

审判员张大刚听了阿一海的交代后，略加思索，当即单刀直入地指出：“你坦白不彻底，态度不老实，你诈骗的钱不是1984元，而是6984元。”

阿一海一听，吓得目瞪口呆，豆大的汗珠挂满额头，不时从脸上滚下来，因为他诈骗的现款确实是6984元。具有逻辑知识的审判员张大刚通过严密的逻辑思维，终于机智地揭穿了阿一海的老底。

为什么张大刚能如此准确地推断出阿一海诈骗的金额呢？

要知道，张大刚既无未卜先知之术，又不是乱猜胡测的碰巧，而是依据逻辑知识正确推理得来的。

你知道张大刚是怎么推断的吗？

原来，数学上有一条规律：9乘以任何整数，其积无论是几位数，各位数字相加的和总是9的倍数。审判员正是以此作为前提进行推理的。阿一海诈骗9位顾客的钱，数额是相等的（即是9的倍数）；而把阿一海交代的金额每位数字相加：1+9+8+4=22，这不是9的倍数。所以，可以断定阿一海交代的金额是假的。接着，审判员又进一步推论：22+5才能构成9的倍数，可见阿一海交代的数额差5。如果把5加到个位，这大可不必，因为阿一海大的数字都交代了，隐瞒5元钱，没有什么价值。如果把5加到十位数或百位数上，更不可能，因为十位数已经是8，百位数已经是9，那么只有加到千位数才合乎情理。所以，断定阿一海故意隐瞒的5，是一个千位数，即把6984元说成1984元，以此避重就轻，既可取得坦白从宽的“优待”，又可以隐瞒诈骗的大量金额，一举两得。

智追抢劫犯

一家珠宝店被一伙抢劫犯抢了。接到报警的安一功探长和阿力助手不敢怠慢，马上赶到出事地点。只见珠宝店就像进行了一场大扫除一样，值钱的东西被偷得干干净净。珠宝店的老板哭诉着事情发生的经过："早晨，我刚开门，准备迎接顾客的到来。谁知，进来两个年轻人，其中一个大个子拽着我说：'我们是来抢劫的，识相点，不要动，否则，你的命就没有了。'言外之意，他们要杀人的，我只好不动。他们把值钱的东西抢劫一空后，马上离开了。还把我绑在一根柱子上，防止我报案。半个小时后，我的店员来了，一看非常吃惊，不知所措，我对他说，马上给我松绑，我要报案。这不，我就打电话给你们了。"

"我知道了，不要破坏现场，我们查看一下有没有蛛丝马迹。"安一功探长吩咐。阿力查看起现场来。

他们找到脚印，但没有查到指纹，因为抢劫犯是戴着手套作案的。

安一功探长测量了一个脚印的长度，是 24.8 厘米，说："这个人的身高是 1 米 7 左右。"

"探长，通过脚印怎么会知道他的身高呢？"阿力感到奇怪。

安一功探长解释道："科学家们测量了许多人的身高和脚印长度之后，得出了从脚印长度推算身高的公式：身高（厘米）=脚印长度（厘米）×6.876。这样，只要知道脚印的长度，就可以得出身高。"

"哦，通过脚印可以了解罪犯的相关信息。"阿力感到太神奇了，探长真了不起。

是啊！根据脚印可以了解许多罪犯的相关信息，这里面学问大着呢！

可不是吗，在泥地里，体重越重的人，脚印越深。比如，"脚印专家"知道自己的体重，他在犯罪者脚印旁站了一下，把自己脚印深度与犯罪者脚印深度相比，可以估计出罪犯的体重，也就可以推测出罪犯的胖瘦了。

根据一系列的脚印、足迹，可以大致判断罪犯的年龄：少年罪犯步子短，脚印瘦小，脚印之间的距离往往不规则，步行的路线往往弯曲。青年罪犯往往脚印大，步子跨得大，脚印之间的距离均匀，走起路来呈直线。中年罪犯走路稳、慢，脚印间的距离变短。老年罪犯的步幅变得更短，足迹中脚后跟的压力比脚掌重。

步伐很乱，脚印间距离不匀，说明罪犯可能筋疲力尽，或者已经受了伤。脚印的后跟凹印很深，前掌浅，说明走路的人挺胸收腹，身子比较直。

仔细研究罪犯的脚印，还能判断作案的时间呢。倒如，午夜，下了一场雨。脚印上有许多麻点，说明是雨前留下的。麻点少而浅，说明是在雨快停了的时候留下的。脚印光滑，没有麻点，那无疑是雨后留下的。夏秋之夜，上半夜留下的脚印，上面往往有昆虫爬过的痕迹。下半夜留下的脚印，由于地面比较潮，泥土易碎裂，脚印的边缘往往不很清楚。

安一功探长和阿力助手，顺着脚印追击。他们追到了向阳街165号。向里面走去，穿过了一间小屋后，遇到一扇大铁门，大门阻挡了他们的去路。安一功探长仔细一看，大铁门上面印有这样的图案：

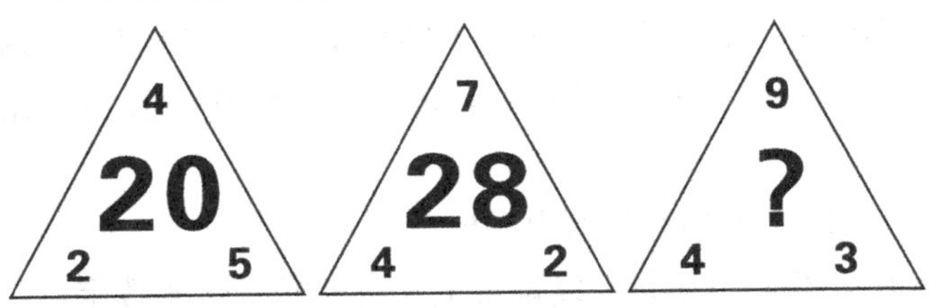

“这些数字是说明什么问题的呀？”阿力助手看后迷惑不解。

“你看，好像这里有秘密。”安一功探长分析起来，“可能这就是开门的密码。”

正如探长所料，“？”就是开门密码。安一功探长思考了一会儿，在“？”上按了54下，门就打开了。

阿力助手感到好奇，安一功探长便说：“$4\times5=20$，$4\times7=28$，那2和4是干什么的呀？原来，三角形中心的数字，是边上的三个数的乘积的一半。$4\times5\times2=40$，40的一半是中心的数20；$7\times4\times2=56$，56的一半是28。

右边三角形边上的三个数的积是：9 × 4 × 3=108，它的一半是 54。在问号上按 54 下门就开了。”

大门的里面，原来是比较宽敞的洞，隔一定的距离设有透光的地方，暗洞里并不黑暗，可以走路。

他们继续沿着暗洞追赶，当追了 10 分钟之后，前面是一座别具一格的小桥。

安一功探长刚停下要查看桥上的机关，谁知阿力不知深浅，马上要过河追赶罪犯，一脚踩上了数字“0”这块木板，刚要踩上“1/9”木板时，只听“哗啦”一声，桥板机关开了。眼看阿力就要掉到河里，说时迟，那时快，安一功探长一个箭步冲上去，一把抓住了阿力的胳臂，将他拉了上来，要不，不会游泳的阿力肯定会被奔涌的河水吞没。“哇！探长，好险呢！”阿力脸色发白地说道。

“是啊，追赶罪犯也要动脑筋，不能盲目行事，否则，就会吃鲁莽的亏。”安一功探长警告道，“你没有看到我在这儿查看吗？”

“那我们怎样过河呀？”阿力发愁了，“要不我们返回去？”

“亏你说得出口，我们只能前进，不能后退，要这样回去的话，我们的脸面往哪里搁？”安一功探长破案的决心很大，有坚强的毅力，完不成任务绝不回头。

“前面不是太危险了吗？”阿力在申辩。

安一功探长查看了一会儿，发现桥上面有非常奇特的数字。

⇩

	0	
1/2	1/9	1/8
1/10	1/6	1/7
1/3	1/4	1/5
	1	

⇩

“我试一试，你抓住我的衣襟。”安一功探长试着站在0号的木板上，心在“怦怦”地跳着，蹲下来用一只手往下按1/9号的木板，“哗”的一声机关开了，可以见到下面的暗河。“好危险呀！”他俩不觉打了一个寒战。

“我们分析一下，看这座数字桥藏着什么学问？”阿力吃了一次亏，学乖了。

“看来，踩1号和0号木板是没有什么问题的。”安一功探长分析起来，“是不是三块木板加起来的和为1就行呀？因为3个数加起来为0没有道理。”

“对呀，我们不妨算一下。”阿力说着就计算起来，“1/2+1/10+1/3=28/30，显然不行。”

“1/8+1/7+1/5=131/280，也不行。”不过，安一功探长很快有了答案，“哦，我知道了！”安一功探长高兴起来，“1/2+1/6+1/3=1。要这样走，在0后先踩1/2，接着踩1/6，再踩1/3，最后踩1，就会安全过桥。”

就这样，他们顺利地过了桥。发现前面有一座小屋，四周也没有人走动，便悄悄地接近小屋，迅速堵住了门口，很快逮到了罪犯。

原来，那两个抢劫犯认为有两个难关，足以难住安一功探长和他的助手，竟在河对面的小屋里赌起钱来了。正当他们赌得兴高采烈的时候，被安一功探长他们逮了个正着。他们的白日梦还没有做完，就稀里糊涂落入了法网。

【知识链接】数列中的规律

每一个数列，都可以通过比较，发现其中的相同点和不同点，从而找到数列的变化规律。数列揭示的规律，常常包含着事物的序列号。所以，把变量和序列号放在一起加以比较，就比较容易发现其中的奥秘。

例1，观察下列各数：0，3，8，15，24，…试按此规律写出第100个数是______。

分析 解答这一题，可以先找一般规律，然后使用这个规律，计算出第100个数。我们把有关的量放在一起加以比较：

已知数：0，3，8，15，24，…

序列号：1，2，3， 4， 5，…

容易发现，已知数的每一项，都等于它的序列号的平方减1。因此，第n项是n^2-1，第100项的数是$100^2-1=9999$。

如果题目比较复杂，或者包含的变量比较多，那么解题的时候，不但要考虑已知数的序列号，还要考虑其他因素。

例2，（1）观察下列运算并填空

$1\times2\times3\times4+1=24+1=25=5^2$

$2\times3\times4\times5+1=120+1=121=11^2$

$3\times4\times5\times6+1=360+1=361=19^2$

$4\times5\times6\times7+1=$________$+1=$________$=$________^{2}

$7\times8\times9\times10+1=$________$+1=$________$=$________^{2}

（2）根据（1）猜想（n+1）（n+2）（n+3）（n+4）+1=（　　　）^{2}

并用你所学的知识说明你的猜想。

分析 第（1）题是具体数据的计算，第（2）题在计算的基础上仔细观察规律。已知四个邻数的乘积加上1的和都可以被开方，根据观察，只要用四个邻数的首尾两数的乘积与1相加正好是完全平方数的底数，由此可探索其存在的规律。

解：（1）$4\times5\times6\times7+1=840+1=841=29^2$

$7\times8\times9\times10+1=5040+1=5041=71^2$

（2）$(n+1)(n+2)(n+3)(n+4)+1$

$=[(n+1)(n+4)+1]^2$

$=(n^2+5n+5)^2$

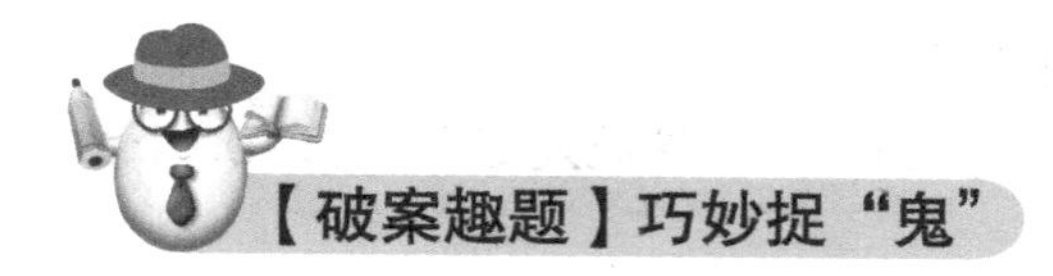

爱德拉探长和斯特米警员接到报案：一家旅馆的保安人员抓到了经常在客房扮鬼吓唬客人的家伙，并在墙上发现了一组密码。两人迅速赶到了该旅馆。

这个家伙是去年被开除的员工欧姆太。欧姆太在旅馆工作期间，就打算作案，他在仓库的墙壁挖了一个洞，在那里设计了一个与众不同的机关，看上去同原来的墙壁没有什么两样，只是好像有人在墙上随便写了几个数字。通过那个机关欧姆太可以自由进出，进到一间客房的大衣橱里。作案时，他先是悄悄躲在仓库里，在深夜时悄悄将机关打开进入客房，将魔鬼的画像贴在镜子上，返回去时特意发出声响。当住宿的人听到响声时，打开灯一看，必定会看到墙上魔鬼的画像，结果被吓昏了。他就趁机进行偷盗，很容易得手，尤其住宿的是女生时。不幸的是，欧姆太没作案几次，就被旅馆的保安抓了个正着。

爱德拉探长和斯特米警员等人到临门的仓库一看，哈哈！原来在墙上还挂了一幅图，再仔细辨认，原来是一副数字图（见下图）。于是，两人就开始找打开机关的方法。

不一会儿，爱德拉探长说："我明白了，'？'代表一个数字，这个数字是多少就在上面按几下，暗门就开了。"说完，他过去按了一个数，暗门竟悄然无声地打开了。

咦，你现在知道"？"里的数字是几吗?

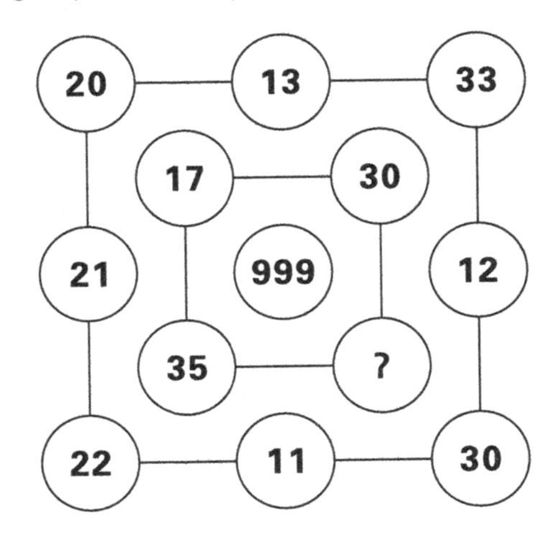

这个图的数字有这么一个规律，互相连接起来的数字，个位、十位和百位上的数字相加，它们的和都是27。如从20开始按顺时针考虑的话：

外圈的数字：（2+0）+（1+3）+（3+3）+（1+2）+（3+0）+（1+1）+（2+2）+（2+1）=27。

里圈的数字：9+9+9=27。

中圈的数字：（1+7）+（3+0）+（？）+（3+5）=27。

？=8。

因为是两位数，那么4+4=8，？=44，对吗？

其实，3+5=8，1+7=8，2+6=8，问号中的两个数字也可以为35或53，17或71，26或62。因为里外三圈上的数字各不相同，而外圈四个角上的数字都接近，所以在这些数字中，只有26最接近。

数字图看上去无规律可循，但只要把心静下来，就会找到解决问题的办法。

第2章

数学常识

——谍影重重的数学游戏

支票上的真假笔迹

周日早上，刚用过早饭，司马克警官正在看报纸，突然电话铃响了，警察局同事说有一张支票上的数字出现真假的问题，需要司马克警官帮助查清问题的真相。

看来，周日也不能休息了，司马克警官开车来到同事所说的地址。

天天礼仪公司的张中智经理拿出一张支票，说支票万位数上的 4 和千位数上的 3 真假难辨。

张中智告诉司马克警官，支票上的“ 900 ”是自己写的，前面的“ 4 ”和“ 3 ”不是自己所写。支票上的数字是 43 900 元，而自己只填写“ 900 ”元，多出的“ 4 ”和“ 3 ”，是他人所写。

这就是说，鉴定笔迹“4”和“3”是解决这个问题的关键所在。

而张中智怀疑“4”和“3”是柳玉芝所写。

张中智介绍：他和柳玉芝很熟悉，得知她开的文化用品商店卖邮票、相册等物品，便和她打好招呼买邮票插册。2014 年 1 月，他到柳玉芝的商店去购买邮票插册，当看到邮票插册制作得不够精美，有点粗糙，便大砍价格。无奈，柳玉芝只好妥协。

张中智原打算购买 50 本邮票插册，最后只购买了 30 本，通过讨价还价，每本从 50 元降低到 30 元，共计 900 元。当时，他没有带现钱，便用一张转账支票，这张支票是一张空白支票。当在柳玉芝的商店谈好价格后，张中智在支票上填上了数字“ 900 ”，就交给了柳玉芝。

本来他以为事情就这样过去了。谁知，几天之后，张中智发现银行用这张支票划走了 43 900 元。他不禁大吃一惊，这可不是一笔小数目。

于是张中智到银行要求查看支票，因为时间不久，他的记忆还很清晰：支票上的小写金额“900”是自己写的，而“900”前面的数字“4”和“3”不是自己写的。这是怎么回事呢？

张中智百思不得其解，是谁加上这些数字的呢？除了柳玉芝还会有别人吗？当时，自己写完“900”之后，就把支票给了柳玉芝。难道是她顺手牵羊，又填上了“4”和“3”？他越想越害怕，就急忙打电话给司马克警官。于是，便出现了开头的一幕。

司马克警官仔细查看了原来的支票，上面的数字十分清楚。白纸黑字，让司马克警官一时难辨。为此，他只好去调查柳玉芝。而柳玉芝说：张中智除了买邮票插册之外，还买了本店的其他东西，折合人民币是 43 900 元。柳玉芝说得有理有据，看起来似乎无懈可击。

张中智却说：本来就只买了 30 本邮票插册，根本没有买别的东西，是柳玉芝涂改了支票数额。

两人吵吵嚷嚷，分不清谁说的是真，谁说的是假。

于是，司马克警官决定请有名的笔迹鉴定专家对笔迹进行鉴定，以便搞清楚支票上字迹的真伪。

很快，这张支票传到周专家手里。他把支票放到文检仪下仔细观察，发现“4”和“3”数字与小写数字“900”均是签名笔写的，进一步鉴定这些数字都是同一支笔签的。难道这是巧合，还是别有用心？

周专家进一步研究发现，两者在笔压、运笔速度上略存在差异，仅凭这些差异，还不足以证明“4”和“3”的填写者是柳玉芝。到底是谁在说谎一时还难以判定。

鉴于这种情况，周专家决定让张中智和柳玉芝分别书写数遍阿拉伯数字“4”和“3”，以便从中发现新问题。当张中智和柳玉芝写完之后，周专家再一次进行辨认，把柳玉芝所写的“4”和“3”与张中智所写的比对，发现在收笔、折笔和收缩的方向上均存在着差异，而与支票上的“4”和“3”极为相似！就此看来，“4”和“3”应该是柳玉芝后来所加，是柳玉芝在说谎。

问题已经清楚了！

司马克警官将周专家提供的鉴定材料，交给了法院。法院依法进行了判决。

在法庭上，柳玉芝不得不交代自己的犯罪过程：

原来，张中智在深圳混了几年，本想发大财，结果一事无成，只好回到出生地A市。但是，张中智还做着自己的发财梦，没有资金怎么办？便和亲戚朋友借，好话说尽，舌头磨破，总算筹集到了5万元的资金，作为开礼仪公司的资本。

一次，张中智路过柳玉芝开的商店，便进去了，一来二往，他们也就熟悉了。当张中智得知柳玉芝要进一批稀缺的邮票制作成的邮票插册时，当场便说自己要进50本送给员工，作为见面礼物。

取货的那天，张中智来到柳玉芝的文化用品商店，但他看到邮票插册制作得不精美时，很不高兴，于是，你一言，我一语，两个人就争论开了。最后，张中智压缩购买数量，只买了30本。

再说柳玉芝。那天，张中智来到她的商店，谈到要购买邮票插册送给员工时，她便说：只要你能够购买一定数量的邮票插册，我就进好货，保证邮票插册十分大方、好看，现在的邮票是十分珍贵的。柳玉芝心里有个小九九：只要张中智能够进自己的货，自己就能够狠狠赚上一笔。谁知，后来张中智到商店取货，说邮票制作得不精美，不打算买，好说赖说，他才买了30 本。柳玉芝当时那个火气简直没办法形容。

后来张中智拿出那张支票，在小写金额栏写上“900”后，将支票和笔甩给了柳玉芝，悻悻地走出商店大门。但他犯了一个错误，就是在支票小写金额栏目内“900”前没有封上符号￥，以至于留下后患。

当张中智走出商店门后，柳玉芝看着这张支票越看越气，心里感到很委屈，本想赚上一笔，结果竟赔了不少，赚钱成为泡影。

一阵风将支票刮到地上，她弯腰拾起，忽然她有了主意，诡秘地一笑，决定要报复张中智！她拿起笔仔细端量了一下，用刚才张中智用过的笔，在“900”的前面又加上了“4”与“3”。在书写过程中，她想到了要与“900”的书写特征完全一样，便刻意模仿了张中智的笔迹。随后，柳玉芝在支票上填写了其他购买内容，各种费用正好是43 900元。

当天，柳玉芝来到银行划走了43 900元。

这个教训，使张中智终生难忘。

【知识链接】阿拉伯数字书写要求

数字对我们来说太重要，尤其是财会工作，正确的书写很有必要，免得被他人涂改，造成不必要的麻烦。阿拉伯数字书写的具体要求是：

1. 各数字自成体型，大小匀称，笔顺清晰，合乎手写体习惯，流畅、自然、不刻板。

2. 书写时字迹工整，排列整齐有序且有一定的倾斜度，数字与底线成 60° 的倾斜，并以向左下方倾斜为好。

3. 书写数字时，书写的每个数字（7、9 除外）要贴紧底线，但上不可顶格。一般每个格内数字占 1/2 或 2/3 的位置，上方要为更正数字留有余地。另外，数字之间最好不要连写，但不要留太宽的间隔（以不能增加数字为好）。

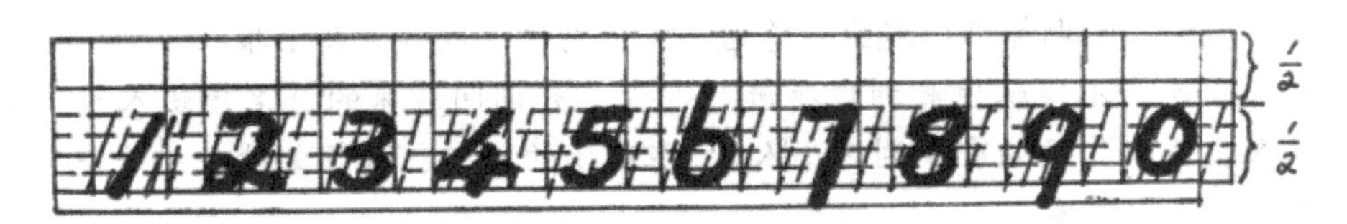

4. 对一组数字的正确书写是，应按照自左向右的顺序进行，不可逆方向书写；在没有印刷数字格的会计书写中，同一行相邻数字之间应空出半个数字的位置。

5. 除 4、5 以外的各单数字，均应一笔写成，不能人为地增加数字的数画。但注意整个数字要书写规范、流利、工整、清晰、易认不易改。笔画顺序应该是自上而下，从左至右，防止写倒笔字。

6. 如在会计运算或会计工作底稿中，运用上下几行数额累计加减时，应尽可能地保证纵行累计数字的位数对应，以免产生计算错误。

7. 对于不易写好、容易混淆且笔顺相近的数字书写，尽可能地按标准字体书写，区分笔顺，避免混同，以防涂改。如“1”不能写短，且要直并合乎斜度要求，防止被改为“4”“6”“7”“9”；书写“6”字时可适当扩大其字体，使起笔上伸到数码格的1/4处，下圆要明显，以防被改为“4”“8”；“7”“9”两字的落笔可下伸到底线外，约占下格的1/4位置；“6”“8”“9”

“0”都必须把圆圈笔画写顺，并一定要封口；“2”“3”“5”“8”应各自成体，避免混同。

8.除采用电子计算机处理会计业务外，会计数字应用规范的手写体书写，不适用其他字体。只有这样，会计数字的书写才能规范、流利、清晰，合乎会计工作的书写要求。

【破案趣题】由数字入手破案

20世纪80年代的一天早晨，W市公安局接到报警电话，市郊的一家银行被盗。罪犯将2名值班人员捆绑起来，撬开保险柜，盗走人民币100万元。

市公安局接到报警电话，市刑侦科长宋志高受命侦破这个案件，并向本市交通、运输、邮电等部门发出紧急通知，如有疑点或线索马上报告。

宋志高马不停蹄地赶到现场进行勘查，并询问涉事的2名值班人员。据报案人员讲，作案的有7到8个人。但现场的脚印、指纹都被一一处理过，没有留下任何线索。

这天晚上11点多钟，宋志高还在办公室里为破案大费脑筋，忽然电话响起。宋志高抬头一看墙上的电子钟，时间是晚上11点15分，才发现自己整整工作了12个小时。电话是市郊邮电局的值班员打来的，说是刚才有一位男青年来发电报，一共发了8封电报，电文的内容都一样，是“1257”四个阿拉伯数字。“我觉得有点怪，不知道是不是和你们的案子有联系？”对方说。

“你稍等，我马上就到。”宋志高放下电话，骑上摩托车火速赶到市郊邮局。

值班人员把那几封电报递给宋志高，他接到手里一一查看，果真内容都是一样的，发报地址显示是同一个人，收报人分别是其他几个县区的。

宋志高把电报拿回局里，马上召集几个侦查员开会讨论。大家七嘴八舌，各抒己见，最终得出结论，发报人和收报人就是市郊银行抢劫的罪犯。公安人员根据电报上的地址，顺藤摸瓜，昼夜出击，很快将犯罪嫌疑人捕获。

通过审讯，8个人都交代了自己的犯罪过程。

你知道宋志高他们是如何根据电报上的内容判断出发报人就是罪犯的吗？

答案：

那个年代没有手机，最快的通信工具应该是电报了。

罪犯为了隐蔽，在电文中没有使用直白的文字把事情说清楚。如果那样的话，就很容易露出马脚。罪犯利用音乐简谱中的音符“1257”作为密码，其谐音就是“都来收息”，也就是通知伙伴前来他家分赃。

查找脚印

F国郊区有一座古老的城堡，它的年代和著名的“巴黎圣母院”一样久远，闻名遐迩。传说，城堡里曾经居住着一位古怪老人，更为这座古堡平添一份神秘的色彩。当然，古怪老人早已逝去，但是他的传奇经历却被人们越传越玄，吸引了更多的游客前来参观。

古堡的导游们总是不厌其烦地向前来观看的游客叙说着下面这样一个故事。

这个古怪老人活了120岁，他脾气十分古怪，做事也古怪，并因此赚了一大笔钱。

古怪老人怎么古怪呢？

据说他喜欢骷髅，并收集了很多骷髅。在他的住所里放着各种各样、大大小小的骷髅，别人看着阴森森的，他倒觉得十分赏心悦目。他还把自己的巨额收入全部换成银币，放进骷髅里头。因为，他觉着这样就没人敢去偷了。

古怪老人还有一套防护术，他用毒木削成锋利的细箭，再在上面涂上毒蛇的毒液，毒上加毒，谁还不敬而远之？

这个古怪老人住在古堡的顶层，唯一的对外通道是个走起来嘎嘎作响、陡峭异常的木质楼梯，大约有几十级，但肯定不到一百级。

古怪老人也有不少好朋友，他们经常来看望他。

这天黄昏，古怪老人的四位互不相识的朋友布拉德伯里、阿尔弗雷亚、米勒思、林德格，几乎在同一时间来访。他们打开门时，发现古怪老人躺在地上，已经死亡多时，很有可能是被人所害。四人大惊失色，争先恐后地拼命逃走。先后从脏乱不堪的狭窄楼梯（一次只能通过一人）跑下来，布拉德伯里一步下2级台阶，阿尔弗雷亚一步下3级台阶，米勒思一步下4级台阶，而林德格的本事最大，竟然一步能下5级台阶。

这四人跑出来后，马上报了警。

一位名叫克里提的探长前来破案，有侠盗之称的亚森罗宾乔装成一名体面的上流社会绅士，自告奋勇地前来协助侦破此案。亚森罗宾通过观察发现，狭窄楼梯上，只有在第一阶和最后一阶上，同时印下了布拉德伯里、阿尔弗雷亚、米勒思、林德格四人的脚印。

询问完四人逃跑时的情况，克里提也认为，只留有一个人脚印的台阶是破案的重要线索，因为布拉德伯里、阿尔弗雷亚、米勒思、林德格都习惯几步并做一步走，而那些台阶上只有一个人脚印的，很有可能是犯罪嫌疑人留下的。后来的结果充分证明他的看法是正确无误的。

亚森罗宾问："通向古堡顶层的木楼梯上有哪些台阶只印下凶手的脚印？"

"这要从楼梯的倍数说起，"克里提探长娓娓道来，"2、3、4、5 的最小公倍数是 60，而 60 又小于 100，所以钟楼的木楼梯共有 60 级台阶。"

接着，克里提探长详细分析起来：

我们不知道凶手的行走习惯，要判断哪些台阶只留下凶手一个人的脚印，就要排除古怪老人四个朋友踩过的台阶。也就是说，第 2～59 范围内，除了 2、3、4、5 的倍数的阶梯，就可能只留下凶手一个人的脚印。经过排除，我们得知第 7、11、13、17、19、23、29、31、37、41、43、47、49、53、59 共十五级阶梯可能留下凶手的脚印。

经过仔细的侦查，警方在这十五级阶梯上查到了凶手留下的线索，克里提探长根据阶梯上的脚印，最终顺利抓获凶手，将其绳之以法。

听到这里，有游客问："为什么凶手要杀死古怪老人呢？"

导游又继续往下讲：

在事实面前，罪犯供认不讳。他说："听人说古怪老人家里有很多钱，钱都储藏在骷髅里。不过，古怪老人很有心计，设置了重重防御。"

"既然你知道这样恐怖，还为什么要去偷盗呢？"克里提探长感到不解。

"我这个人探险欲极强。"罪犯说，"当我听说后，就决定去试探一番，不管成功与否。这天晚上，我上了 60 个台阶，悄悄来到古怪老人的住处，打开门，结果发现他的住处哪里有什么骷髅，更看不到银币，只有一排排的树桩，这大概是传说中的暗箭吧，暗箭也就是人们传说的削尖的涂上蛇毒的毒箭木，究竟毒性如何呢？我随身带了一只猫，我便从袋子里把猫掏出，将它扔了上去。我便匍匐在门口观察，说时迟，那时快，‘嗖—嗖—嗖’一支支毒箭射了出来，猫咪顿时毙命，把我吓得不轻。还有没有暗器呢？我又从袋子里掏出一只狗崽扔了进去，结果，只听到‘汪’的一声狗叫，狗崽摔倒在地上，没有遭到暗箭伤害。我急忙爬起来，冲到屋子里，一看古怪老人在哈哈大笑。我气恼地说：‘有什么好笑的，你觉得好玩吗？’对方说：‘当然好玩啦。刚才我看到你的动作，太搞笑了，哈哈哈！’他又大笑起来。我气不打一处来，上前去把他一推，将他推倒了，他说：‘我真是有很多年没这么笑过，哈哈哈！’他又大笑了起来。他说：‘年轻人，你是想要我的银币吧，告诉你，我有钱那只是个幌子，实际上，我的钱都捐献给了慈善机构，哈哈哈！’他又笑起来，我感到不可理喻，马上拔腿走人。谁知，被你们警察诬陷我杀害了古怪老人，真是有嘴也说不清。”

事后，法医解剖发现，是古怪老人被推倒在地跌伤，造成脑内大出血死亡的。

【知识链接】漫话倍数

倍数是指一个整数能够被另一整数整除，这个整数就是另一整数的倍数。如整数 n 除以 m，结果是无余数的整数，我们称 n 为 m 的倍数。一个数除以另一数所得的商，如 $a \div b=c$，就是说 a 是 b 的 c 倍，a 是 b 的倍数。一个数的倍数有无数个，也就是说一个数的倍数的集合为无限集。注意：不能把一个数单独叫作倍数，只能说谁是谁的倍数。倍数不是质数。

对于整数 m（0除外），能被 n 整除（m/n），那么 m 就是 n 的倍数。相对来说，称 n 为 m 的因数。如15能够被3和5整除，因此15是3的倍数，也是5的倍数，3和5是15的因数。

【破案趣题】日期的书写习惯

在夏威夷的一家豪华的宾馆里，一位旅客服毒自杀了。服务生发现后急忙报告了经理，经理打电话报了警。

很快，警察开车赶到了现场，发现死者躺在床上，是一位中年男子。法医通过尸检发现死者是氰酸钾中毒身亡。

宾馆经理向警察介绍说："这是一位英国游客，四天前在这里住下，今早服务生打扫卫生时发现他昨夜服毒自杀，在写字台上还放有一张遗书。"

遗书是用打字机打印的，只有署名和日期是用手写的。警察仔细地看了一下，只见日期是"3.14.99"，也就是 1999 年 3 月 14 日。

"你能够肯定这个客人是英国人吗？"警察转身问宾馆经理。

"是的，警官。"宾馆经理说，"我们这里有记录，我之前还替他给住在伦敦的家人发了一封平安信。"

"这么说这份遗书是伪造的。"警察说，"这是一起伪装成自杀的他杀！凶手极可能为美国人。"警察胸有成竹地下了结论。

于是，警察就将这四天里在宾馆住宿的人进行仔细分析，终于发现一位可疑的美国人，经过审讯，他承认杀了那位英国人，遗书是他伪造的。

你知道警察为什么判断是美国人作案的吗？

答案：

警察是从遗书上的日期看出问题的。

假如这份遗书是英国人写的，那么 1999 年 3 月 14 日就应该写成"14.3.99"。英国人写日期时首先写表示日的数字，然后才写月的数字。

然而，美国人写法正相反，是月的数字在前，日的数字在后，即"3.14.99"，这正好是遗书上的书写方式。

小侦探破案记

乔小磊的爸爸乔大磊是公安局的警察，专门负责侦破盗窃案和抢劫案。这天他接到报案：绿茵家园居民小区的四户人家，在同一天，都被小偷偷了东西，损失的现金、贵重物品等价值3万元。

一听到这个消息，乔大磊的头就疼了起来。为什么呢？因为绿茵家园的这四户人家已经不是第一次被盗了。一个月前，也是这四户人家，也是在同一天，同时遭到小偷盗窃，而且损失的财物价值更是达10万元之多。但是，由于没有线索，至今还未破案。

真是一波未平一波又起。头疼归头疼，乔大磊和同事们还是很快赶到了现场。乔大磊经过勘查发现，虽然四户人家家里被翻得凌乱不堪，但是没有发现脚印、指纹等有价值的破案线索。这样的情况跟上一次盗窃的情形一样。

种种迹象表明，发生在这四户人家的两次盗窃不是巧合，有可能是同一个盗贼所为。

那这个盗贼为什么只光顾这四户人家呢？这四户并不是邻居，也不住在同一栋楼，盗贼是怎么瞄上他们的呢？难道他跟这四户人家有仇？

但通过调查发现，这四户人家除了同住一个小区外，人际圈没有任何交叉，更别说有同时得罪的人了。

乔大磊很苦恼，所以当儿子乔小磊问起的时候，他就将这两起盗窃案从头到尾给小磊讲了一遍。

小磊听完，眼珠轱辘转，有模有样地思考起来。为什么这四户人家在被盗的那一天都不在家？他说出了心中的疑问：“这四户人家都是在晚上被盗的吗？”

“是的。”爸爸回答。

“他们家里都没人吗？都没发现小偷吗？”小磊接着问。

“是呀，被盗那天晚上，这四户人家都不在家。”爸爸接着回答。

“第一次被盗的时候，他们也不在家吗？”小磊打破砂锅问到底。

“对的。”爸爸仍然肯定地回答。

听完爸爸的回答，小磊心里已然有了自己的打算。他跟爸爸商量道：“爸爸，我能亲自跟这四户人家了解一下情况吗？”

“哈哈，你有什么线索吗？”爸爸笑着问。

“就是没有才要去跟他们再了解一下情况啊。”小磊认真地回答。

“好，我同意，但是人家可不一定愿意跟小孩聊案情。”爸爸说着将四户人家的门牌号写在了一张纸上。

第二天正好是周六，小磊打算去拜访一下被盗人家。他先来到了第一户住在 1 号楼的王先生家。小磊敲响门后，开门的是王先生的儿子小凯，他和小磊一般大。当听说小磊是来了解案情的时候，小凯便高兴地将他领进了屋。

“我还没见过这么小的侦探！”小凯很是新奇。

“呵呵，我爸爸负责这个案子，我只是来帮忙。”小磊不好意思地说。

“我能一起吗？”小凯也跃跃欲试。

“当然可以，不过在此之前，你要把你家被盗的情况再给我介绍一下。”小磊说。

“好，那天爸爸妈妈带我们去爷爷家，我们住了一晚上，第二天回家一看，锁被撬了，家里也被翻得乱七八糟。爸爸留在家里的 2 千元现金和新买的笔记本电脑被偷了。”

“那上次呢？”小磊接着问。

“那次也是，我们到爷爷家住了一晚，第二天回来发现锁被撬了，爸爸的笔记本电脑、手机，还有妈妈的所有首饰都被偷了。”小凯回答。

“你们多久去爷爷家一次？”小磊发现小凯家两次被盗都是去爷爷家，不禁感兴趣地问道。

“15 天去一次，每次去都住一晚。”小凯回答。

“好，我要了解的就是这些了。我们去下一家吧！”小磊觉得自己有一点头绪了。

“好，我们去 3 号楼的赵晓莹家吧，他们家离得最近。”小凯提议道。

很快，他们就敲响了赵晓莹家的门，来开门的正是赵晓莹。她跟小凯是好

朋友，也是同班同学。当听说小凯和小磊是来破案的，她很惊讶。哈哈，她也是没见过这么小的侦探。

“小磊的爸爸负责这个案子，他是来帮忙再了解一下情况的，我是来帮他的忙的，哈哈。”小凯说完自豪地笑起来。

“那我也来帮你的忙好不好？”晓莹也是兴趣十足。

“哈哈 ，没问题，不过在此之前你要介绍一下你家被盗的情况。”小凯学着小磊的样子说道。

“好，那天爸爸出差，妈妈就领着我回姥姥家住。第二天回来一看，窗户被砸了，家里被翻得乱七八糟，家里两台笔记本电脑都丢了。”晓莹介绍道。

“那第一次被盗呢？你们全家都干什么去了？”小磊问道。

“跟这次一样，爸爸出差，我跟妈妈回姥姥家。”晓莹回答。

“你爸爸每次出差，你跟妈妈就回姥姥家吗？”小磊接着问。

“是的！”晓莹回答。

“那你爸爸多长时间出差一次？”小磊的声音很兴奋，他觉得自己离破案又近了一步。

“每 10 天一次，一次住一天。”晓莹想了想回答。

“好，我要了解的就是这些了，我们去下一家吧！”看来小磊收获不小，脸上的笑容都藏不住。

小凯忍不住好奇地问：“你是不是知道谁是小偷了？”

“哈哈，哪有那么容易。不过，如果我的猜测没错的话，我们应该很快就能抓住小偷了。”小磊胸有成竹地说。没等小凯再问，他就催促道：“我们还是赶紧去下一家吧！”

于是，三人出发了。这样，“小侦探”队伍由一人发展到三个人，越来越壮大了。三人一起去了住在 9 号楼的葛阿姨家。他们了解到，葛阿姨自己住，两次被盗，她都回家照顾妈妈去了。原来葛阿姨的妈妈生病，她和两个姐姐轮流照顾。她每 6 天去一次，一次住一天。

了解完情况，小磊更加兴奋，因为葛阿姨介绍的情况进一步证实了他的推测。

很快，他们向最后一家也了解完了情况。被盗的最后一家是刘叔叔家，他也是自己一人住。他每5天回父母家住一天，两次被盗他都正好去父母家住了。

这个情况再一次证实了小磊的猜测。所以，从刘叔叔家出来，他和小凯、晓莹就直奔公安局而去。

找到爸爸，小磊胸有成竹地说：“小偷30天后，还会再来这四户人家偷东西的，到时你们在这四户人家周围埋伏好，就能抓到小偷了。”

爸爸听了，很是奇怪，问道：“你怎么知道他30天后还来偷？”

“山人自有妙算！”小磊卖起了关子。

“如果你不讲清楚，我们警方可不会听个毛孩子的三言两语就信以为真的。”爸爸“威胁”道。

“好好！”经不起爸爸的“威胁”，小磊只好如实“招来”。

听完小磊的分析，爸爸高兴得不得了，夸小磊道：“不错不错！我只追究小偷到底是谁了？而你另辟蹊径，分析小偷的行为习惯，而且还分析出个所以然来，很不错。”

这样，警方在第二起盗窃案发生的30天后，在四户人家周围守株待兔。果然，在半夜十二点，将爬向晓莹家窗户的小偷抓个正着。

经过审讯得知，小偷承认了前两次的盗窃事实。而小偷本人也是这个小区的住户，偶然间得知这四户人家的外出习惯，就趁这四户人家都不在的时候，来个“大搜罗”。

案件破获后，小凯的爸爸知道是小磊先发现了线索，警察才得以抓获小偷后，他就联合其他三家，给小磊所在的实验小学写了一封热情洋溢的表扬信。信中，将小磊好一顿表扬，对学校培养出这样一位机灵睿智的学生表示感谢。

这封信看得校长心花怒放，在全校大会上，将小磊大大夸奖了一番，并且说他是学校的“风云人物”。这样，小磊就真成了实验小学的风云人物。

你知道小磊是如何推断出小偷30天后还来偷窃的吗？

在这里，小磊用到了最小公倍数的知识。在这被盗的四户人家中，小凯家每15天外出一天，晓莹家每10天外出一天，葛阿姨家每6天外出一天，刘叔叔家每5天外出一天。这不难看出，15、10、6、5的最小公倍数是30，所以第30天，这四户人家都外出，家中无人，盗贼可以大摇大摆地偷窃。

【知识链接】最小公倍数

最小公倍数，是数论中的一个概念。两个或多个整数公有的倍数称为它们的公倍数，其中最小的一个正整数称为它们的最小公倍数。与最小公倍数相对应的概念是最大公约数。如果有一个自然数 a 能被自然数 b 整除，则称 a 为 b 的倍数，b 为 a 的约数。

计算最小公倍数时，通常会借助最大公约（因）数来辅助计算。自然数 a、b 的最小公倍数可以记作 $[a、b]$，自然数 a、b 的最大公约（因）数可以记作（a、b），当（a、b）=1时，$[a、b]=a\times b$。

如果两个数是倍数关系，则它们的最小公倍数就是较大的数。相邻的两个自然数的最小公倍数是它们的乘积。

最小公倍数=两数的乘积/最大公约（因）数，解题时要避免和最大公约（因）数问题混淆。

【破案趣题】一网打尽的日期

国际反恐联盟得到消息：制造多起爆炸、暗杀等恐怖袭击事件的国际恐怖组织“黑狼”的首领罕德尔和七名核心人员近期躲到了A国，并打算长住。

一接到消息，国际反恐联盟特别行动小组的组长约瑟，就在A国范围内展开了搜索，终于让他们搜到了化名圣约翰的“黑狼”首领罕德尔。现在，他住在圣罗市一个不起眼的小别墅里。

这是将他们一网打尽的最佳时机。所以，组长约瑟乔装成一个流浪汉，在罕德尔的住所周围徘徊。每当罕德尔家里来客人，约瑟的眼睛就会紧紧盯住他们，并且用嵌在打火机上的袖珍相机将每个人都拍了下来。一个星期过去了，终于让约瑟发现了一些规律。然后，他结束了这次乔装之旅，回到了小组。

他先将袖珍相机的照片让人拿去冲洗，里面都是他暗中拍摄的与罕德尔来往的每个人的照片。照片很快冲洗出来了，经过确认：照片中的五人正是“黑狼”组织的五个核心成员。

“黑狼组织的五个核心成员也在A国，而且也有可能在圣罗市。并且他们和罕德尔都保持着固定的联系，有利于我们一网打尽。”约瑟向组员介绍起情况，“五个核心成员和首领罕德尔的碰头时间都不一样。第一个核心成员，罕德尔的助手，每隔一天去罕德尔住处一次； 第二个核心成员隔两天去一次；第三个核心成员隔三天去一次；第四个核心成员隔四天去一次；第五个核心成员隔五天去一次。”

“也就是说，如果我们现在行动，则只能抓捕罕德尔和其中某个核心成员，不能一网打尽。”一个成员若有所思地说道。

“是的，如果要一网打尽，我们有两个方法。”约瑟说。

“哪两个方法？”一个成员问道。

“第一个方法，尽快查清其他五名核心成员的住处。查清后，我们六剑齐发，将罕德尔和五个核心成员一起拔除！”

“这样太浪费时间了，那第二个办法呢？” 另一个成员问道。

“就是等五名核心成员都来罕德尔住所的时候，我们再行动，将他们一网打尽。”约瑟回答道。

“好，就这么决定，但是他们什么时候能聚在一起呢？”

这是个问题，你知道答案吗？

答案：

罕德尔的助手每隔一天与罕德尔会面一次，即每2天会面一次。第二个核心成员每隔两天与罕德尔会面一次，即每3天会面一次。以此类推，第三个核心成员每4天与罕德尔会面一次，第四个核心成员每5天与罕德尔会面一次，第五个核心成员每6天与罕德尔会面一次。

所以，五个核心成员能同时碰面的天数一定能够被2、3、4、5、6整除，现在我们可以很快地得出这个数字是60。

因此，在他们开始会面的第60天，五人将同时出现。

巧破杀人案

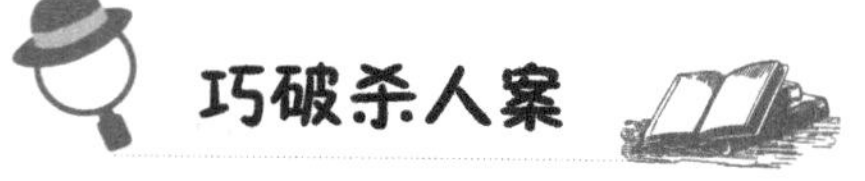

中午，AK 探长刚刚破获一起案件回到家里，水还没来得及喝一口就又接到报案：一家宾馆的房间里出现了人命案。

AK 探长二话没说，火速赶往现场。

AK 探长同助手一起来到出事的宾馆，宾馆的经理早已站在门口等候了。经理和探长及助手寒暄几句后，就把他们带到现场。

只见一位 70 多岁的老人倒在地上，四周喷溅着不少血液，一把带血的刀被扔到床边。

助手一边四周拍照，一边寻找着罪犯现场留下的蛛丝马迹。

探长仔细察看死者：死者是仰躺着，左手捂着腹部的伤口，右手还拿着一块有苹果馅的馅饼；脸部表情十分坚决，似乎对破案者有所期待。

“这老头子真是一个吃货，死还忘不了吃。”助手一边拍照，一边大发感慨。

“是啊，这真奇怪，人死的时候会什么都不顾，他怎么手里还要握着馅饼呢？” AK 探长像是对助手说，又似乎是在自言自语。

AK 探长和助手各自忙碌着。半个小时后，助手对现场勘查完毕，说：“头儿，我查看了四周，没有找到凶手留下的任何痕迹，脚印也被拖掉了，指纹更是不存在。看来，这个凶手有反侦查的能力。”

“是啊，从目前掌握的材料看，确实没有实用的线索。” AK 探长说，“还是那句老话，没有线索就继续查看现场，只要是发生过，就会留下蛛丝马迹。目前没有发现线索，可能是我们被什么蒙住了眼睛。”

“哦，那我们继续找找。”助手说。

助手勘查了一遍室内，然后，又到门口勘查，因脚印太乱，无法区分是谁的脚印。

AK 探长站在死者身边发呆：死者在生命攸关的时刻手里仍握着苹果馅饼不放，总不至于那么喜欢吃东西吧，肚子上流血了怎么顾得上一块苹果馅饼呢？难道是暗示什么东西？到底暗示什么呢？还有，这苹果馅饼是哪里来的？是亲朋好友送的，还是自己买的？这一连串的问号，如同搅缠一起、乱哄哄的毛线球，难以理清。

“头儿，我们一时找不到线索，是不是先搞清死者的身份？”

“也好，或许会对我们有所启发。” AK 探长点头答应。

很快，他们通过宾馆住宿登记查到了死者的家庭地址以及电话号码，经过联系，对方的家属——死者的儿子威特森很快赶到现场，并确认死者系自己的父亲。他对着死亡的父亲号啕大哭，助手安慰他，请求他配合警察及早抓获凶手。

“请你具体介绍一下你父亲的一些情况，或许对我们破案会有益处。” AK 探长安慰对方，“请你从悲伤走出来，破案是要紧的事情，免得错过最佳时间。”

威特森介绍了自己对父亲印象最深的一些情况：

威特森的父亲是一位退休的数学教授，他可能是因为一辈子教数学，他的一些习惯都几乎离不开数学。他习惯用身体语言、物体代表数学语言同孩子及家人交流，如他伸出一只手，家人说是 5 个，不对的话，他再前后移动一下，表示“50”，数量还少的话，他再前后移动一次，这样就表示“500”，等等。应该说，数学研究深入到他的骨髓，他家里人也受到感染，有些能够用手指和物体表示的数学语言一般就不用话说。

“哦，我明白了。苹果馅饼，是不是也跟数字有关系呢。” AK 探长看着死者手中的苹果馅饼，再加上威特森对父亲的介绍，他忽然有了思路。他走到卧室门口，对站在那里等待询问的经理说：“请问经理，这里有 314 房间吗？”

“有的，就在楼上。”宾馆经理说，“我们现在这层是二楼。”经理唯恐 AK 探长不明白，又补充道。

“314 房间住的是什么人？”

“哦，是一个外地商人。”

“请带我们去见他。” AK 探长和助手跟随着宾馆经理到三楼上去。

当宾馆经理打开门，见里面的一个男人正慌慌张张在收拾行李准备离开。

“他就是凶手！”AK 探长示意助手给他戴上手铐。

“警察先生，我可是一位遵纪守法的商人，你们可不要冤枉好人呐。”对方在辩解。

“是你杀死了二楼的数学教授。”AK 探长威严地说。

“哦，头儿，你根据什么这样判断的呀？”助手也为探长的举动感到惊讶。

“要知道死者是一位对数学很有研究的教授，苹果馅饼，英文是 apple pie，而‘pie’与圆周率‘π’发音相同，π约等于 3.14。”AK 探长分析道，“死者面临死亡，看到眼前吃剩的苹果馅饼，把它握在手里，其意思是告诉大家，凶手就住在 3 楼的 14 房间。”

听到 AK 探长的分析，自称是遵纪守法的商人立刻瘫痪在地，再也不说自己是一位遵纪守法的商人了。

“你说，为什么要杀死数学教授？”AK 探长就地审问。

“我……我……”商人断断续续地说，“昨天晚上，我觉得无聊，就下到二楼找人玩一玩。不巧，看到二楼的一个房间开着门，我一看是个老人，就跟他打招呼，之后就进去了。老人对我也很客气，招呼我坐下。我看到他正在吃市场上购买的苹果馅饼，他见到我坐下，一抹嘴便不吃了。通过谈话，我知道他是个数学教授。他也知道我是 3 楼 14 房间的。我认为他一定很有钱，便向他借钱。他说自己对钱没有感觉，不管到哪里钱够花就行，从来不多带钱。说着，我走过去看他的提包。他急忙走过去夺下提包，并说：‘你这个人怎么能够乱动人家的东西呢？’我一看他不许我动，心想提包里面可能有很多钱，就跟他厮打起来。我把他推倒在地上，就去夺提包，而这位老人竟在地上掏手机报警。无奈，我去夺他手机，他竟跟我争夺起来，相持之下，我掏出衣兜里的刀子朝他的腹部就是一刀。随后，我用床单擦了擦刀把，用拖把拖了拖地板，带上他的提包就跑回我卧室去了。因为没有留下痕迹，我以为警察很难找到我。谁知，这老头竟还会用‘苹果馅饼’报案。”

【知识链接】对π的认识

π
3.141
5926535
8979323846
2643383279502

π（即圆周率）是一个在数学以及物理学中普遍存在的数学常数，英文名称：Pi，读作pài，汉语常用“派”表示，它是第十六个希腊字母。

我们知道，圆有它的圆周和圆心，从圆周任意一点到圆心的距离称为半径，半径加倍就是直径。直径是一条经过圆心的线段，圆周是一条弧线，弧线是直径的多少倍，在数学上叫作圆周率。简单说，圆周率就是圆的周长与它直径之间的比，它是一个常数，用希腊字母“π”来表示。圆周率是一个无理数，即是一个无限不循环小数。但在日常生活中，通常都用3.14来代表圆周率去进行计算，即使是工程师或物理学家要进行较精密的计算，也只取值至小数点后约20位。

还有，在天文历法方面和生产实践当中，凡是牵涉到圆的一切问题，都要使用圆周率来推算。

π是第十六个希腊字母，本来它是和圆周率没有关系的，1706年，英国数学家威廉·琼斯最先使用π来表示圆周率。1736年开始，瑞士大数学家欧拉在书信和论文中都用π来代表圆周率。因为他是大数学家，人们也就有样学样地用π来表示圆周率了。但π除了表示圆周率外，也可以用来表示其他事物，在统计学中也能看到它的出现。

【破案趣题】金环有多重

迈克探长接到报案，说是一个走私集团贩卖金银珠宝。先在一个地方低价买进，然后走私到另一个地方进行贩卖，从中获取高额的利润。

迈克探长接到报案后，带领几个警察火速赶到现场。走私集团得知警察来了之后，拼命奔逃。有些连手中的金银珠宝都不要了，唯恐被警察抓到。迈克探长带领几个警察继续追击走私犯，让助手带领两个警察打扫现场。他们除了获得大量的珠宝之外，在一个手提包里还发现一个黄金环。助手用随身带的尺子测量了一下，大圆的半径是 5 厘米，小圆的半径是 3 厘米，厚度是 5 厘米。他知道黄金的密度是 19.32 克 / 立方厘米，于是很快算出了金环的重量是多少克。

5 厘米

3 厘米

你会计算金环的重量吗？

环形的面积 = 外圆的面积 − 内圆的面积

$S_{环形}=\pi（R^2-r^2）$

$=3.14\times（5^2-3^2）$

$=3.14\times16$

=50.24（平方厘米）

金环的体积 =50.24×5=251.2（立方厘米）

因为黄金的密度是 19.32 克 / 立方厘米

所以金环的重量 = 体积 × 密度 =251.2 立方厘米 ×19.32 克 / 立方厘米 =4853.184 克。

保险箱密码

“丁零零……丁零零……”一阵电话铃声响起，保罗探长连忙拿起电话，“哪位？”

“保罗探长！”保罗探长的助手威廉说道，“快来向阳大街172号。”

“出了什么事？”保罗探长问道。

“我们找到大力了。”威廉的声音里有掩饰不住的兴奋。

“好，马上到！”保罗探长也立刻兴奋起来。

大力是一个盗窃团伙的头目，这个团伙最近十分猖獗，半年已经有三家银行遭到他们的黑手了。他们的作案手法十分野蛮，通过挖地下道潜入银行的仓库，然后用炸药将保险箱炸开，拿了东西立马跑路。保罗探长组织了很多次抓捕行动，将团伙的小喽啰们都逮捕归案了，只剩下头目大力，他总是在最后时刻逃之夭夭。现在终于找到他了，保罗探长怎么能不兴奋呢？

保罗探长将汽车当飞机开，十分钟后，就赶到了发现地点。助手威廉连忙介绍情况：“盗窃团伙的头目大力，在向阳大街172号的房子里。警察已经将这里围得水泄不通。考虑到他可能有炸药，所以还没有强攻进去，谈判专家也已经喊了十分钟的话了，但是他始终不出来。”

“我来！”保罗探长自告奋勇。

他拿起喇叭就开始喊话：“大力，猫捉老鼠的游戏已经结束了，现在我们已经将这里包围，一只蚂蚁都爬不出来。我劝你还是赶紧出来投降吧。”

大力躲在房子的窗户后面，大声喊道：“想得美！保罗，我已经从你手里成功逃跑很多次了，这次也不会例外的。”

“是吗？那你跑跑看吧！”保罗冷哼着喊道。

“保罗，你看这是什么？”说着，大力将一个包裹放到警察可以看到的窗台上。保罗举起望远镜一看，是炸药。“这个亡命之徒。”保罗气愤地说，接着他下达了命令，“保罗一现身，立刻将他击毙。”

“炸药有什么用，你还不是个只敢躲在窗户后面的胆小鬼？”保罗继续喊话。“而且，你的炸药，只会炸你自己，根本炸不到我们警方。”的确，如果大力老是躲在房子里不出来，则炸药只能炸到他自己。

“你不用激我，我一会就会出去，你们肯定会乖乖给我让路的。”大力说完就没了声息。

十分钟后，门口出现了大力的身影。所有的警察都将枪口瞄准了他。

保罗看到，大力身上绑满了炸药，手里拿着一支点燃的烟头。他冷笑着看着保罗，说：“怎么样，保罗，我说你要给我让路吧。”说着他还将烟头靠近了炸药的导火索。

“大力，别激动，什么事好商量嘛。”保罗探长说道，“将你的烟头拿远一点，我会让他们离开的。”说完，他就向他身后的警察下达了“让开路”的命令。

“哈哈，我就知道是这样！”大力得意道，他将烟头慢慢离开导火索，准备后退着离开。

这时，只听砰的一声，一颗子弹射进了大力的眉心，他当场毙命。

“这就叫自作孽不可活！”保罗探长看着大力的尸体，叹息道。

保罗探长和助手威廉随后搜查了大力的住所，发现了一个巨大的保险箱。保险箱的门上贴着一张纸条，上面有三组数字：

1		5
	78	
4		6

3		2
	39	
5		1

3		6
	※	
2		4

这三组数字让他们摸不着头脑，保罗探长当即决定，先将保险箱搬回警局。然后他们又审讯了这个盗窃团伙的所有小喽啰，寻找开启保险箱的线索。

一个叫豹子的小喽啰说：“这组数字是大力设置的保险箱的密码提示！大力哥曾经让我们根据提示开保险箱，没一个人成功。所以，具体密码是多少，除了大力，没有人知道。”

另一个叫狗哥的小喽啰说：“我只知道密码很长，我趁大力哥开宝箱的时候偷偷数过，有11位那么长。”

保罗探长觉得再问也问不出什么东西，就和威廉研究起这三组数字来。威廉很快发现了诀窍，说道：“左边的两组数字是要向我们说明其中的某种规律，按照这个规律右边的问题也就解决了。”

“不错！现在我们的首要任务就是找出左边两组数字的规律。”保罗探长同意道。

“哇！是不是这样，由于方框中间的数字大，四角上的数字少，我想中间的大数应该是四角上的数字的运算结果。”威廉认真地分析起来，接着他又说道，“$1+5+4+6=16$，不等于78呀；$1\times5\times4\times6=120$，也不等于78呀。同样，$3+2+5+1=11$，也不等于39；$3\times2\times5\times1=30$，也不等于39呀。”

“显然不仅仅是加法、乘法这么简单。”保罗探长托着下巴说道。

顺着威廉的思路思考，不一会儿，保罗探长就有了结果。“哈哈！我弄明白了。第三个方框※号代表65。”但很快问题又来了，65是个两位数，与喽啰提供的11位数完全不符合啊。

“那密码是多少呢？”威廉有些丧气，好不容易解开谜题，但却打不开保险箱，“要不我们炸开它得了。”威廉有点气急败坏了。

“不行，万一里面有炸药怎么办。”保罗否定道。

保罗探长思考了一会，说道：“我再试试”，说完他就先输入了6个6，然后5个5。奇迹发生了，保险箱的门打开了！

果然，里面除了大力他们偷窃的大量赃物外，还有50千克的炸药。就这样，保罗探长凭着聪明的脑瓜，解开了保险箱的密码。但是，你知道保罗探长是怎么计算出这个数字的吗?

从左边的方框中可找到这样的计算规律：

第一个方框，$1\times1+5\times5+4\times4+6\times6=78$。

第二个方框，$3\times3+2\times2+5\times5+1\times1=39$。

由此，可推算出第三个方框中的结果是：

$3\times3+6\times6+2\times2+4\times4=65$，也就是※$=65$。

【知识链接】初识数列

数列是指按一定次序排列的一列数。数列中的每一个数，都叫作这个数列的项。第一个数称为第1项或首项，第二个数称为第2项，排在第 n 位的数称为这个数列的第 n 项。所以，数列的一般形式可以写成 a_1，a_2，a_3，$\cdots a_n$，简记为$\{a_n\}$。

项数有限的数列为有穷数列，项数无限的数列为无穷数列。从自然数1开始，按照它的顺序依次排列下去，1，2，3，4，5，…排列的全体自然数，叫作自然数列。自然数列是无穷数列。

若按增减性划分，可将数列分为递增数列和递减数列、常数列、摆动数列。每一项都不小于它的前一项的数列叫作递增数列；每一项都不大于它的前一项的数列叫作递减数列；各项相等的数列叫作常数列；从第2项起，有些项大于它的前一项，有些项小于它的前一项，这样的数列叫作摆动数列。

【破案趣题】偷盗了多少根钢管

阳光市是一个新建的城市，各行各业都在蓬勃发展。尤其是建筑行业更是红火，各种大楼拔地而起，整个城市充满着青春活力，前景十分诱人。因为建筑行业的兴起，一些不法分子便干起了偷盗的行当。晚上，则是偷盗分子活跃的时间，黑暗遮盖了这个城市的丑陋。

有些不法分子晚上偷盗一些建筑材料，白天就到别的工地以低价出售，严重影响了建筑业的健康发展。夜间偷盗让看场的人也提心吊胆。

一天晚上，天下着小雨，吴永刚警官接到举报，在水晶湖大街的一家建筑场地的建筑材料正被盗窃犯偷运出场。吴永刚警官带领10名警察火速赶到现场，但已没有了盗窃犯的影子。工地上的看护人员被打昏迷，警察马上拨打120急救电话。留下2名警察等待救护车前来抢救。吴永刚警官带领剩下的警察根据车轮留下的痕迹，开车追赶。

当警察追到一片山林地带，发现带泥的车辙进入了一家独立的农院。警察进去搜索发现地上新堆了一些钢管，管上也混有不少泥巴，地上的脚印很乱，旁边还有一辆货车，不用多说，正是这辆车把钢管运来的。于是，警察对院子的主人进行审问，对方在证据面前不得不交代自己的罪行。眼前堆的这堆钢管，正是他们刚才拉来垒起来的。垒完之后，几个同伙回家睡觉去了。吴永刚警官吩咐几个警察去抓同伙，并对身边的小李警察说："你算一下，这帮盗窃犯一共偷了多少根钢管？"

小李警察仔细查看了这堆钢管。这堆钢管被堆成了下图所示的形状。他一边数，一边算，很快就知道被偷了多少根钢管。

聪明的读者，你能又快又准确地算出这堆钢管一共有多少根吗？

方法1：通过观察不难发现，这堆钢管每一层都比上一层多1根，也就是从上到下每层钢管的数量构成了一个等差数列，而且首项为3，末项为10，项数为8。由等差数列求和公式可以求出这堆钢管的总数量：（3+10）×8÷2=52（根）

方法2：我们可以这样假想——通过对几何图形进行旋转，从而达到配对的目的（见下图）。这个图内的钢管共有8层，每层都有3+10=13（根）。所以图内钢管的总数为：（3+10）×8=104（根）。取它的一半，可知本题图中的钢管总数为：104÷2=52（根）

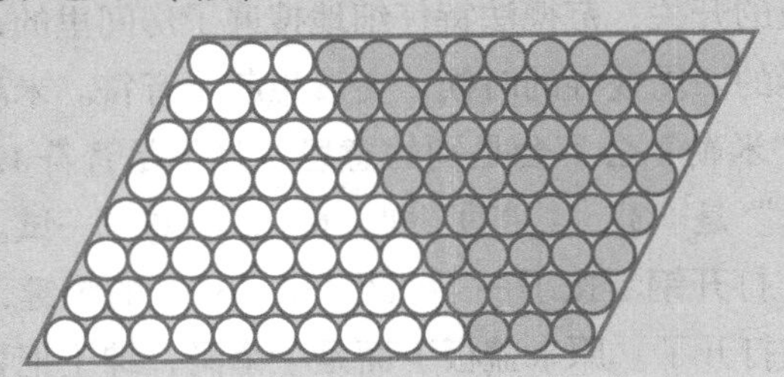

秘密通道的密码

荷兰油画爱好者范德法特在荷兰哈谷市的美术公司工作。一天，经理让他送一幅油画到一位绅士家里。这个绅士十分富有，但是性情古怪，30 岁了还没有结婚，每天在外面花天酒地，而且挥金如土。上个月，范德法特曾经把农民画家米勒的《播种的人》的复制品给他送去，就收到不少小费。

范德法特来到绅士家里，只见大门敞开，就径直走了进去。突然，他听见从卧室里传来一阵阵痛苦的呻吟声，他便急忙冲了进去。只见一位警察被击倒在地，而这个家的主人——那个绅士却不知去向。

“秘密的……从洞里……逃走……”，地上的警察费力地用手指了指床底下。

范德法特往床下看了看，发现那里有个像盖板样的东西，估计那绅士是从这里逃走的。“盖板的开关……米勒……”，警察说着就昏迷过去了。范德法特见警察昏迷了过去，急忙拉着他的胳膊，摇着他大声喊：“警察先生，你醒一醒啊！”但警察丝毫没有反应，他只好放弃救警察。

范德法特急忙钻到床下，想把床下盖板揭开，可是盖板却十分牢固，纹丝不动。这时，他想起警察昏迷前曾说起米勒，这大概指的是米勒的那幅画。这正是上个月他送来的《播种的人》的复制品。这张画难道和盖板有什么联系吗？范德法特就把这画取了下来，看了看画框和画后面的墙壁，没见有什么开关，看来这幅画与盖板没有什么关系。

为了寻找盖板的开关，范德法特仔细地搜遍了房间里的每一个角落。当他在一架钢琴及钢琴的四周搜寻的时候，突然想起了音符。米勒的画与开关没有关系，那么，这“米勒”会不会是别的意思？是不是音符 1234567 中的“3”和“6”呢？“米”是“3”，“勒”是“6”，不妨试一试。于是，范德法特按照自己的想法，打开钢琴按了一下“3”和“6” 的琴键，果然，奇迹出现了，床下的盖板被打开了。原来盖板下面是一个洞，绅士把警察打伤以后，就从这洞里通过下水道逃走了。

这是怎么回事呢?

原来，这位绅士是一个贩毒的头目，他以绅士的身份作幌子，干着贩毒的勾当。

因为钱来得快而多，所以这位绅士花起钱来大手大脚。这引起了当地警察的注意。通过多方面了解取证，掌握了大量有关这位绅士的犯罪资料，警官派警察前去绅士家取证。因为警方麻痹轻敌，只派了一个人前去取证。当这位警察进门后，躲在门后的绅士便举起手中的棍子当头就是一棒，警察就这样被打晕了。

凑巧，这时候范德法特来给绅士送画，警察用尽全身力气指出绅士逃跑的暗道，结果一用力又昏迷了。

这时的范德法特弄清了这个秘密通道，才向警察局报案。

警察局接到报案后，全体出动，包围了绅士的别墅，并进行地毯式搜查，结果还是没有找到绅士。

床下的暗道坑坑洼洼，弯弯曲曲，进来搜查的警察在经过一处有水的地方时，用手电筒一照，差一点就晕过去了。原来，在不远处有一条蛇横在那里，吐着蛇信，十分吓人。面对突然跳出来的“拦路虎”，警察们不敢贸然前进，只有停下来。有一个警察从周围的地上捡起石子吓唬它，不停地跺脚，想让蛇受到地面的震动及早逃走，免得影响他们追捕绅士的行动。大约经过十几分钟后，蛇才慢慢吞吞地爬到一个石洞里去了。警察们抓紧时间赶路，当在地下大约走过200米的距离后，前面有一个圆门挡住了去路。

只见上面有这样一段文字:

将26个字母按顺序编为0～25，有4字母构成的密码a、b、c、d，已知整数$a+2b$、$3b$、$c+2d$、$3d$除以26余数分别为9、16、23、12，请通过推理计算破译密码，并知道中文密码含义。先按密码，再按中文含义，就是开门的密钥。否则，就会引起爆炸，将自己送上西天！切记！

周围还有“希望”“失败”“爆炸”等字样。

“这个该死的绅士，怎么跟我们开这样的玩笑！”冲在前面的警察嘟囔着。

“不知是真是假，但我们不能胡来！”身后的一个矮个子警察提醒道。

“这怎么解开密码呢？”另一个警察说。他们一共进来三个警察。

矮个子警察说：“我来看一下应该怎么解开这个密码。”他说完，从衣兜里掏出一支笔和一个小本子用微型手电照着就算起来，整理如下：

因为 $a+2b$ 、$3b$ 、$c+2d$ 、$3d$ 均属于［0，75］

所以 $a+2b=9$ 或 35 或 61

$3b=16$（非 3 的倍数，舍）或 42 或 68（非 3 的倍数，舍）

$c+2d=23$ 或 49 或 75（ c 、d 不可能相等，舍）

$3d=12$ 或 38（非 3 的倍数，舍）或 64（非 3 的倍数，舍）

所以 $a=-19$（舍）或 7 或 33（大于 25，舍）

$b=14$

$c=15$ 或 41（大于 25，舍）

$d=4$

所以根据数字所对应的字母，a=h，b=o，c=p，d=e

密码为 hope，这英文字母代表的是——希望。矮个子警察按照要求先按了 hope 后，又按了“希望”，结果门“哗”的一声开了。

“这个该死的家伙，我差一点被他吓死！”身边另一个警察见大门打开，深深松了一口气说。随后，他们冲出大门，竟来到一座桥下。原来门就设在一座高速公路的桥下，这里很少有人走动，十分隐蔽。看来，绅士是通过高速公路逃跑了。

警察在各个路段进行检查，并将绅士的照片发往各个路段，结果在一个高速公路的出口发现了他，并逮捕了他。

通过审讯，绅士交代了自己的犯罪事实：

他表面上把自己当成绅士，喜欢收藏油画、古画都是幌子，以掩人耳目，背地里却干着走私贩毒的勾当。从外国进来的毒品，都在他这里落脚。等发现没有动静之后，再转手出卖给其他人。他让人修的这个暗道是在特殊环境下使用，作为逃生的一个“窗口”，旁边暗室还可以储存走私进来的毒品。暗室的门随后也被警察发现了，结果，在这里搜查到大量的金银财宝和毒品。

因为警察局发现近来市场上毒品交易十分猖狂，就派警察四处搜查。他们发现绅士这里进进出出的人员很多，引起了他们的怀疑。于是，一个警察前来调查，结果被绅士打伤，最后绅士通过暗道逃跑了。事情终于败露，等待他的将是法律的严惩。

【知识链接】代数式的值及其解

用数值代替代数式中的字母，按照代数式指明的运算，计算出来的结果，叫作代数式的值。代数式中的字母究竟取什么值，要根据具体的问题来确定。因为代数式中的字母是表示数的，所以数的有关运算也适用于代数式的值的计算。

求代数式的值的一般步骤：

在代数式的值的概念中，实际也指明了求代数式的值的方法。即一是代入，二是计算。求代数式的值时，一要弄清楚运算符号，二要注意运算顺序。在计算时，要注意按代数式指明的运算进行。

求代数式的值时的注意事项：

（1）代数式中的运算符号和具体数字都不能改变。

（2）字母在代数式中所处的位置必须搞清楚。

（3）如果字母取值是分数时，作乘方运算必须加上小括号，将来学了负数后，字母给出的值是负数也必须加上括号。

例　当$a=2$，$b=7$时，求代数式$(a+2b)(2a-b)$的值。

解　当$a=2$，$b=7$时，

$(a+2b)(2a-b)=(2+2\times7)(2\times2-7)=16\times(-3)=-48$

【破案趣题】破解保险柜上的密码

麦一特是A国隐藏多年的老牌间谍，平时潜伏，只有在关键时刻他才出马。一次，他接到上司命令，要他亲自出马去获取B国在海外军事部署的计划。

于是，麦一特开始行动了。他悄悄溜进了B国大使温牧的家，在地下室里找到秘密保险柜，保险柜的密码是他用巨款从大使秘书那里买到的。

秘书告诉他："在开保险柜前，要转动密码锁里的数字盘，只有在里圈的数字与外圈的数字相加后，每组数字都相同时，门才会打开。"

然而，这个间谍高手，不善于心算，算了老半天也没有搞明白这个密码，怎么也打不开保险柜，急得如同热锅上的蚂蚁。随后，他只好再花巨款，请秘书前来帮他打开，最后，他才总算如愿以偿。

不妨附上这个保险柜的里外数字盘，你看一下里圈的5和外圈的哪个数字对在一起（见右图），里外的每组数字之和才会相同呢？

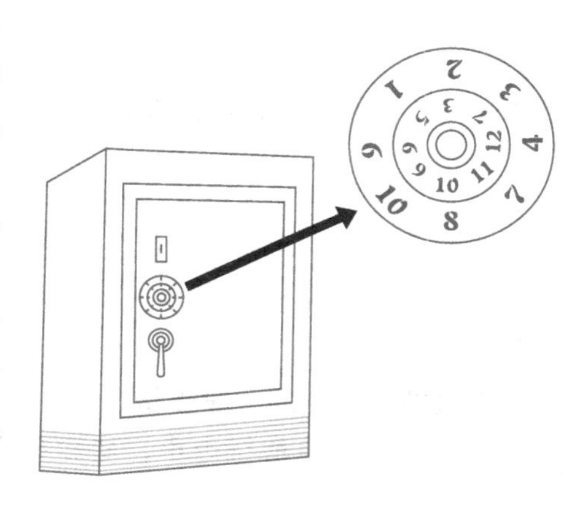

答案：

这里并不需要将里外圈的数字一一对上，只要将外圈的最小数字与里圈的最大数字对上就行。这样，里外圈数字相加都是13，那么，和里圈5相对的数字自然就是8了。

速查箱中的真珠宝

达哥斯探长追捕走私犯头目来到一座大山下，刚走到一个两边险要陡峭、道路狭窄的地方，只见一块大石头向他砸来。“不好！”他大喊一声，急忙一闪身，“轰隆隆！”一块大石头落在地上。

“天哪，好险呀！”跟在达哥斯探长身后的助手躲闪后心有余悸地说道。

“这个走私犯想用这样的手段阻挡我们追捕他，门都没有。”

“是啊。”助手擦了擦惊出的一身汗。

“我们动作麻利点，免得再让他投石头来阻挡我们。”达哥斯探长下令。

“好的。”助手说完，和探长麻利地跑过这个一夫当关万夫莫开的危险地带。

只见走私犯头目向山顶上爬去。“我正面追，你在山的那头包抄。”达哥斯探长边追边说。就这样，达哥斯探长在后边追，另一头助手从山的半坡绕了上去。

在山背面的中间地带，走私犯走投无路，被达哥斯探长和助手堵住，他还想夺路逃跑，被达哥斯探长一个“扫堂腿”扫翻在地，被助手麻利地戴上了手铐。

他们就地歇息一会。“交代吧，你们的走私物品放到了哪里？”达哥斯探长开始审问。

“我是遵纪守法的公民，没有走私。”

“你手下的小喽啰已经交代了，你还想抵赖吗？”达哥斯探长严厉地说。

走私犯头目见抵抗已经无效，便说：“在这座山上的一个洞里，走私物品都放到那里暂存。等有销货的机会，我们会马上从这里取走。”

“好的，为了避免再爬一次山，你现在就直接带我们到你们的山洞见识一下吧。”达哥斯探长说。

“走吧。”助手押着走私犯头目在前面走着，达哥斯探长走在后面。因为是山路，比较陡峭危险，他们只好慢慢地走，行动很慢。

半个小时后，他们来到山上某处，那里有一块巨石，它附近有一块比较靓丽的石头，走私犯头目在那里狠狠地按了一下，巨石"哗"的一声响，石头门被打开。

助手瞪大眼睛感到十分震惊，想不到走私犯会把这里修缮得这样好。他们走进一看，洞里十分宽敞，汽车也能开进去。只是他们为了不被人发现，都是晚上行动，石头上一般也不留痕迹，这样他们就可以长期在这里生存。

"你仔细看一下货物，跟其他走私犯交代的是否可以对应起来。"达哥斯探长对助手说。

助手仔细清点了一下，对达哥斯探长说："一共有 20 箱货物。"

"哦，"达哥斯探长应了一声，他打开箱子一看，哪里有什么真珠宝，都是一些假珠宝。达哥斯探长对珠宝有研究，他平日里就喜欢研究珠宝，别人还调侃他，说他研究女人们喜欢的东西，想不到这会还真派上用场了。难怪，他对珠宝用手一掂就知道是真的还是假的。他恼怒地说："怎么全是假珠宝，还忽悠我们说是真珠宝？你知道欺骗的后果吗？"

见探长发火了，走私犯头目马上赔着笑脸说："探长，你不要发火，玩我们这一行的，就是这样，真真假假，不要把我手下的话当真，他们也是一知半解，关键的东西我怎么会告诉他们呢！"

"那你说是怎么回事？"助手厉声说。

"是这样的，探长。"走私犯头目说，"这堆摞起来的箱子一共有 20 箱。我在这以前，为了掩人耳目，我特意把藏有真珠宝的箱子混在这里。每一只箱子都有 500 件赝品，只有一只箱子里装有 500 件真正的珠宝。其中，每件赝品重 500 克，比真正的珠宝重 50 克。情况就是这样的。"

"哪箱才是真珠宝呢？"助手问。

"我的手下已经将其混在其中了，我也不知道具体是哪箱。否则，我的手下把真珠宝给盗去了怎么办呢？"

"哦，我们可以根据他提供的数据进行相关的计算，就会知道是哪箱了。"达哥斯探长说，"要想一想办法呀！"

助手开动脑筋，想出办法了。他说："哎，我倒想起了一个办法。"助手手舞足蹈起来，"每一个箱子取出一个珠宝用秤挨个称，最多 19 次就可以查出哪一箱是真正的珠宝。”

“不过，我们要有秤才行。”助手接着说。他环顾四周，发现墙角居然有一个电子秤，便说道：“那边有一个电子秤，我们不妨就用这个电子秤吧。”

原来，在这堆珠宝箱的一边，还真的有一台电子秤。

“这个办法行是行，就是太浪费时间了。”达哥斯探长说，“我也想出了一个办法，最多 5 次就能找到真珠宝。”

“哦，听起来不错，请快说一说。”助手喜出望外。

“每箱取出 1 个珠宝，按 1 ～ 20 标上序号（取出的箱子上编上对应序号），分成两组，每组 10 个。这样称一次就知道真珠宝在哪一组里。”达哥斯探长说得头头是道，“再把有真珠宝的这组分成两组，每组 5 个，称一次便可判断真珠宝在哪组；然后再把这组分成 2 个一组和 3 个一组，只要称其中一组，便可确定真珠宝在哪一组里。如果珠宝在 2 个一组里，则再称一次就可以确定真珠宝是哪件；如果珠宝在 3 个一组里，则最多称两次就可确定真珠宝是哪件。这样少则 4 次多则 5 次，就可以称出真品来。然后，对应序号的箱子里就是真珠宝了。”

助手听了达哥斯探长的介绍，豁然开朗，他想了想，高兴地说：“我受你办法的启发，一次就能查出真珠宝箱来。”

“呵呵！这应该是最好的办法啦！”达哥斯探长催促道，“你快说一说。”

“给前 19 个箱子按 1 ～ 19 的顺序编上号，是第几箱就在这个箱子里取出几件珠宝来，这样一共会取出——”助手说着急忙在地上写了起来：

$(1+19)\div 2\times 19=190$（件）

“称一称这 190 件珠宝，如果重量为 500 克 × 190=95 000 克，则说明真珠宝在第 20 个箱子里。如果重量不足 95 000 克，那么将其与 95 000 克相差的重量除以 50 克，得数是几，真珠宝就在几号箱子里。”

“哈哈！酷极了！”探长赞许道，“我们赶快称吧。”

“称起来就快了！”助手就真的称了起来，“哇！真珠宝是在第 15 号箱子里。”他终于算出来了。

打开第15号箱子一看，果真全是真的珠宝。

亲爱的读者朋友们，你觉得哪一种方法更简单便捷呢？你有更好的方法吗？

【知识链接】最优化方法

在日常生活中，无论我们做什么事情，总是有多种方案可供选择，并且可能出现多种不同的结果。我们做这些事情的时候，总是自觉不自觉地想选择一种最优的方案，以期达到最佳的效果。这种追求最优方案以达到最佳结果的方法就是最优化。这种方法的理论基础就是最优化理论，而凸显分析又是最优化理论的基础之一。

上面例子中的查找真珠宝的方法，就属于选择最优化方法。这种方法在生活中具有广泛的应用性。

【破案趣题】智破毒品交易案

哈特探长接到一个报警电话：W公司老板瑞克的儿子被绑架了，对方要求拿10万美元来赎人。

“好，我马上就去。”哈特探长放下电话，开车到了报案者的家中详细了解情况。

“绑匪在电话中说：‘你把钱包好，用普通的邮件在明天上午寄出，地址是……’他说完了，我就报了案。”

哈特探长为了不打草惊蛇，让他的助手海恩到罪犯说的地方去找。可奇怪的是，这儿有地区名、街道名，却没有罪犯说的门牌号和收件人。“这是怎么回事呀？”助手海恩感到不解，有被戏弄的感觉。

海恩向哈特探长汇报，哈特探长稍加分析，作出判断：“这个绑匪就是邮差。”

“探长，您有没有搞错，怎么就断定是邮差呢？”助手被探长的判断搞糊涂了。

“你没有动脑子。”哈特探长分析着，“因为在没有门牌和真实姓名的情况下，只有邮差能安全收到钱。但挂号就不行了，所以他要求用普通邮件。”

“哇！探长，好像很有道理 。”海恩终于开了窍 。

“马上逮捕邮差，救出人质。”哈特探长下令。

邮差彼得很快被抓了回来，人质也获救了。

经过审讯，邮差彼得不但承认犯了绑架罪，还承认犯了贩卖毒品罪。

彼得交代了他的犯罪事实：

3 年前，我曾给 W 公司老板瑞克当助手。有一天，他让我带上一个被装满东西的沉重的塑料桶，同两个外国人做买卖。我看到瑞克从大桶里倒出了不少白色的海洛因粉末，分给了外国人。

当时，我带的是容量为 12 千克的大桶，而两个外国人分别带来了容量为 5 千克和 9 千克的两个小桶。瑞克用这三个桶，分出了 6 千克、5 千克和 1 千克的海洛因粉末。两人买走了 6 千克毒品，其中那个矮个子1千克，那个高个子 5 千克。

用容量为 12 千克的大桶，5 千克和 9 千克的小桶，怎么分出 6 千克、5 千克和 1 千克的毒品来的？彼得是不是在说谎呀？

答案：

彼得没有说谎。先从大桶倒出5千克毒品，再将5千克倒入9千克的桶中，再从大桶里倒出5千克毒品，接着用5千克的桶将9千克的桶灌满。这样，5千克的桶里剩下1千克毒品，9千克的桶已装满，12千克的大桶里剩下2千克毒品。

再将9千克桶里的毒品全部倒回大桶里，大桶里有了11千克的毒品。把5千克桶里的1千克毒品倒进9千克的桶里，再从大桶里往5千克小桶倒出5千克毒品，这时大桶里有6千克毒品，而另外6千克毒品也被分成1千克和5千克两份。

第3章

“一次”方程

——借助未知数来破案

蜡烛中的犯罪信息

"丁零零……丁零零……"一阵电话铃声响起。

半夜，赵大明警官拿起电话："喂！什么事？……哦，好，我们马上去。"

赵大明赶紧把助手尚一河叫醒，"快起来吧！有紧急情况。"赵大明已穿戴整齐。

"什么情况呀？"尚一河问。

"在光明大街的AWN寓所，有一名男士被杀。"

赵大明同尚一河驾驶着轿车，风驰电掣，10分钟就赶到了出事地点。

只见杀人现场没有明显的搏斗痕迹，蜡烛掉在地上。"怎么会点蜡烛呢？"赵大明想起来了，昨天刮过一阵强风，把街道上的电线给刮断了，造成停电。

赵大明急忙把蜡烛捡了起来，一共有两支蜡烛头，一粗一细。"你看，我估计粗蜡烛是细蜡烛的四倍长。"赵大明征求尚一河的意见。

"是啊，大概长那么多。"

赵大明在尚一河耳边说了几句话，就对死者的家人询问了起来。

死者国杰先生家里有夫人、管家许小姐和杂工孟新。

"许小姐，您最后见到国杰先生是什么时候？"尚一河问道。

"是晚上7点，我给国杰先生点燃蜡烛的时候，那时他正和夫人在谈话。"许小姐回答得毫不含糊。

"是的，我是在那里。"夫人说，"我是9点离开国杰房间的，那时他还好好的。"夫人进一步作证，说完已泣不成声了。

许小姐安慰了一番夫人，继续说："我给国杰先生同时点燃了两支蜡烛。"许小姐努力回忆，又做了补充，"它们一样长，但不一样粗，粗的一支在平时可以燃烧5个小时，细的一支可燃烧4个小时。"

“你怎么会了解得那么清楚？”赵大明感到奇怪。

“因为我经常使用蜡烛，掌握了这一规律。”许小姐回答道。

“那你是什么时候回来的？”赵大明用手指了一指杂工孟新。

“昨晚主人让我到寄存处去取一个箱子，我晚上 9 点半回来的，那时主人房间里已没有灯光了。我上了床还看了看手表，时间正好是晚上 9 点 45 分。”孟新如同算计好了今天要回答问题似的，十分流利。

询问完了家里的人后，赵大明和尚一河就打发他们回到夫人的房间，让夫人看好，大家哪里也不准去，随时准备被问话。

赵大明同尚一河就研究起来。

“我对这个案子毫无头绪。”赵大明说，“你的看法呢？”

“依我看，案犯就是杂工孟新。”尚一河脱口而出。

“怎么是他呢？”赵大明有点如堕五里雾中。

“你不是捡了两支蜡烛头吗？”尚一河有理有据分析着，“这要从剩下的蜡烛头算起，线索就在蜡烛头上。”

“哦，这是怎么回事呀？”赵大明怀疑地问。

“你想一想，剩下的两支蜡烛头中，一支的长度是另一支的四倍。”尚一河认真地分析起来。

“是啊，刚才我就捡起两支蜡烛头，倒没有想到从这里入手。”赵大明很实在地讲。

“你先听一听我是怎么看的。”尚一河侃侃道来，“由蜡烛剩下的长度，就可以算出蜡烛燃烧的时间。假定蜡烛原来的长度都是 S，燃烧 x 小时后落在地上熄灭了，那么粗的一支燃烧了全长的 $x/5$，剩下的长度为（$1-x/5$）$\times S$，细的一支燃烧掉了全长的 $x/4$，剩下的长度为（$1-x/4$）$\times S$，因为粗蜡烛头的长度是细蜡烛头长度的四倍，所以可列出如下方程。”说着，他就在地面上写了起来：

$$(1-x/5)\times S=4\times(1-x/4)\times S$$

“哦，不错，这会儿我明白了。”赵大明高兴地说，“我们把你列的方程解出来，求出时间就可以判断出杂工孟新是不是说假话了，要是说了假话，他就是嫌疑人。"

"对！对！"尚一河高兴地说，"正是这样。"

于是，他们通过计算，分析推理，终于确认孟新说谎。

他们立即逮捕孟新，免得他狗急跳墙。

经过审讯，正是孟新杀害了国杰先生。国杰先生与他搏斗时碰倒了蜡烛，使蜡烛熄灭。孟新因见国杰先生的箱子里有金银首饰，生了歹心。

你知道是怎么从剩下的蜡烛头里揭开破案的迷雾的吗?

可通过解方程解决问题。设蜡烛原来的长度都是 S，燃烧 x 小时后落在地上熄灭。通过解方程：$(1-x/5)\times S=4(1-x/4)\times S$，整理得：$1-x/5=4-x$，最后解得 $x=3.75$（小时），即3小时45分钟。

可这样进行推理：许小姐说是在晚上7点钟给国杰先生点上了蜡烛的，过了3小时45分，即国杰先生是在晚上10点45分遇害的。

杂工孟新说是晚上9点半国杰先生的房间里已没有了灯光，显然是弥天大谎。

【知识链接】一元一次方程

只含有一个未知数（即"元"），并且未知数的最高次数为1（即"次"）的整式方程（左右两边的式子要用"="连接）叫作一元一次方程。

一元一次方程的标准形式（即所有一元一次方程经整理都能得到的形式）是 $ax+b=0$（a，b 为常数，x 为未知数，且 $a\neq 0$）。求根公式：$x=-b/a$。

一元一次方程的特点：为一个等式；该方程为整式方程；该方程有且只含有一个未知数；该方程中未知数的最高次数是1；未知数系数不为0。

要判断一个方程是否为一元一次方程，先看它是否为整式方程。若是，再对它进行整理。如果能整理为 $ax+b=0$（$a\neq 0$）的形式，则这个方程就为一元一次方程。里面要有等号，且分母里不含未知数。

变形公式：

$ax=b$（a，b 为常数，x 为未知数，且 $a\neq 0$）

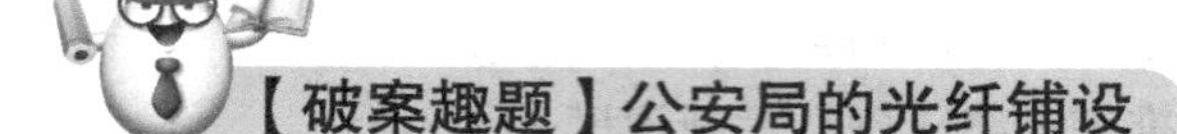

驼峰市前一段时间的犯案率和以往相比较高，主要原因是公安局通信设备不够先进，有些地方安装的摄像头因网速慢，时常中断，查起来很吃力，费工费时，与公安局高效为民办事的要求格格不入。该公安局的口号是：“严厉打击各类暴力犯罪，确保社会治安大局平稳”。公安局为了狠狠打击罪犯的犯罪活动，快速地获得信息，及时出警打击罪犯，决定将原来的宽带改造成光纤，并提高网速。要将光纤的主线引到公安局，将光纤埋到地下。

这段工程实行承包制，落实责任。具体由梁警官负责这一工程的实施。

假如这段光纤由甲工程队单独铺设需要 12 天完成，由乙工程队单独铺设需要 24 天完成。如果由这两个工程队从两端同时施工，需要多少天才能完成这条光纤的铺设任务？

你知道梁警官是怎样计算的吗？

解：设两个工程队合作施工，x天可以铺好这条光纤。依题意，得

$$\frac{x}{12}+\frac{x}{24}=1$$

解方程，得$x=8$。

这两个工程队从两端同时施工，需要8天才能完成这条光纤的铺设任务。

探长的巧妙安排

一天，山姆斯饭店要举办一场大型的珠宝博览会，来自世界各地的珠宝商云集到这里。澳大利亚的珠宝商菲丽普带着一箱珠宝应邀参加珠宝博览会。

山姆斯饭店派兰尼小姐用专车把菲丽普女士从机场接过来，安排下榻在 6 楼的贵宾室。兰尼是 6 楼贵宾服务员的领班。

到了宾馆的房间，兰尼从菲丽普的手里接过手提箱，放在床边的矮柜上，接着说道："热水、日用品都准备好了，您可以洗个澡放松一下，需要什么请尽管吩咐。"说着她便退出了门口。

"好的，非常感谢！"菲丽普感激地说，"能麻烦你明天早晨给我送一杯热牛奶吗？"

"没问题。"兰尼回答道。

第二天一早，菲丽普睁开眼就去按电铃，指示服务员把牛奶送到房间里来，自己进入了盥洗室。

当菲丽普刷牙完毕，刚要去取毛巾的时候，突然听到门外"啊！"的一声惊叫，接着是扑通一声，有人倒地。菲丽普吓得战栗了一下，立刻开门一看，发现兰尼正歪倒在门口，殷红的鲜血从她头上淌下来，滴在红色的地毯上。

菲丽普连忙拨打了急救电话和报警电话，这时她才发现放在床头柜上装满珠宝的手提箱不见了！

顿时，菲丽普脸色煞白，浑身发抖，大喊一声："我的天啊！"跌倒在红色的地毯上，好一会儿才清醒过来。

斯博思探长接到报警电话和助手赶到现场时，兰尼已经进入菲丽普的房间。斯博思探长问："发生了什么事情？"

兰尼捂着头说："刚才，我给菲丽普小姐送来一杯热牛奶，可当我刚来到菲丽普小姐的房门口时，就觉得耳边有一阵风，还没等我回过头来，顿时感到头上被什么东西砸了一下，我一下就栽倒在地，恍惚间好像看见一个蒙面歹

徒，拿着菲丽普小姐的手提箱从我身上跨过逃走了。”

“这么说，你是没有看见抢劫犯的长相？”斯博思探长问。

兰尼无力地点了点头。

斯博思探长走到床头柜前，见柜子上放着一杯牛奶，然后，就对菲丽普说：“这杯牛奶还是热的，喝了吧。”

“谢谢！我现在已经喝不下了。”菲丽普泪如泉涌。

兰尼摸了摸杯子说：“凉了点，我去给你热热吧。”说着，端着盘子要走人。

斯博思探长伸出手臂挡住了兰尼的去路：“算了吧，兰尼小姐，你还是把你的同伙和菲丽普小姐的手提箱交出来吧。”

在斯博思探长面前，兰尼不得不交代了自己的罪行。

兰尼交代说：“我事先悄声端着热牛奶进到房间放到床头柜上，顺手将手提箱拿到门口，交给了那个蒙面同伙，然后，使用苦肉计——故意让同伙打了一下，从而造成自己被人打伤，手提箱被盗的假象。”

“菲丽普小姐的手提箱呢？”斯博思探长严厉地问。

“被蒙面人拿走了。”兰尼交代。

“那么原计划抢走了手提箱在哪里分赃？”斯博思探长又问。

“我们原打算成功之后，在A市B宾馆分赃。”兰尼低头说道。

“好吧，现在是你将功赎罪的时候，你用手机联系他，就说你已经摆脱那个笨猪似的探长的纠缠，正在向A市出发，问他现在到哪里了？”

电话按计划接通，对方说距离A市还有240千米。

斯博思探长思考了一下，自己所在城市距离A市大约为300千米，所以斯博思探长决定：自己和助手在后面追，让警察局另派2人火速赶到抢劫犯的前面，这样围追堵截，将抢劫犯捉拿归案。

这样，那两名警察以最快的速度向A市B宾馆前进。结果，他们比抢劫犯提前了48分钟到达。在那里守株待兔，一举抓获了那个抢劫犯。那个抢劫犯还交代其在本市其他的一些抢劫罪行。

后来，在总结表彰会上，相关负责人说：“这次，警察的速度正好是抢劫犯速度的 1.5 倍，要不怎么会提前 48 分钟到达呢。”

助手问：“探长，警察的速度是多少？抢劫犯的速度又是多少呢？”

“哦，你问的是计算速度的问题。”斯博思探长说，“是这样的，不妨设警察的速度为 x 千米/小时，那么抢劫犯的速度为 $\frac{x}{1.5}$ 千米/小时。警察所用的时间 $\frac{300}{x}$ 小时比抢劫犯所用时间 $\frac{240}{\frac{x}{1.5}}$ 小时少 48 分钟，可得出等量关系为：抢劫犯所用时间－警察所用时间 $=\frac{48}{60}$ 小时。解题过程为：

解：设警察的速度是 x 千米/小时，依题意得

$$\frac{300}{x}=\frac{240}{\frac{x}{1.5}}-\frac{48}{60}$$

整理得：$\frac{300}{x}=\frac{360}{x}-\frac{4}{5}$

解得 $x=75$（千米/小时）

那么抢劫犯的速度为 $\frac{75}{1.5}=50$（千米/小时）。”

“哦，探长，我明白了。”助手高兴地说，“看来，破案也需要科学知识，我今后可要努力学习啊！”

【知识链接】一元一次方程解题步骤

1．认真审题：分析题中的已知和未知信息，明确题中各数量之间的关系。

2．寻找等量关系：可借助图表分析题中的已知量和未知量之间的关系，找出能够表示应用题全部含义的相等关系。

3．设未知数：用字母表示题目中的未知数时一般采用直接设法，当直接设法使列方程有困难可采用间接设法。

4．列方程：根据这个相等关系列出所需要的代数式，即列出方程，注意

它们的量要一致，使它们都表示一个相等或相同的量。

列方程应满足三个条件：方程各项是同类量，单位一致，左右两边是等量。

5．解方程：解所列出的方程，求出未知数的值。

6．写出答案：检查方程的解是否符合应用题的实际意义，进行取舍，并注意单位。

巧妙记忆——以上六个步骤可简记为六个字：审、找、设、列、解、答。

例：一个农场的工人要在两块地上锄草，大的一块面积是小的一块面积的2倍。上午工人都在大的一块地上锄草，午后工人们对半分开，即一半仍留在大的地上锄草，工作到晚上就把草锄完了。另一半工人到小的地上去锄草，到晚上还剩下一部分，改日由一位工人去锄，恰好一天锄完。问参加这个农场此次除草活动的工人共有多少人？（假设这些工人的工作效率相同，且不考虑草生长的因素。）

解析：

（方法一）设参加这个农场此次除草活动的工人共有 x 人，每人每天可除草地面积为 y 平方米，利用“大块草地的面积 =2 ×小块草地的面积”得：

$$x\times\frac{y}{2}+\frac{x}{2}\times\frac{y}{2}=2\times(\frac{x}{2}\times\frac{y}{2}+y)$$

解得 $x=8$

（方法二）设参加这个农场此次除草活动的工人共有 x 人，根据这些工人的工作效率相同可得“锄大草地的人数与天数 = 锄小草地的人数与天数 ×2”，即：

$$\frac{x}{2}+\frac{x}{2}\times\frac{1}{2}=(\frac{x}{2}\times\frac{1}{2}+1)\times2$$

解得$x=8$

【破案趣题】购物单泄密

这真是一个黑色的星期日。M国一拨恐怖分子星期日占领了位于郊外的国际机场，把机场所有的人员作为人质扣押。关于这伙恐怖分子有各种说法，有人说他们武器精良，不仅有最先进的武器，还有小型导弹，随时可以发射。更大的问题是恐怖分子的人数始终是个谜：有人说是500名，有人说接近1000名。

为了避免引起恐慌，安全机构封锁了所有从机场通往外界的人行通道和信息通道，谈判专家同恐怖分子进行了长达4个小时的艰苦谈判。恐怖分子同意先释放老人和孩子，条件是先给他们提供充足的饮用水和食物，并写出了长长的购物单，包括鸡、鸭、鱼、火腿肠和面包等。同时，向政府提出要求先支付1亿美元的现金，清点完成后马上离开。否则，就要屠杀人质。

“我们还是强攻吧？”负责指挥的上校忍不住气愤地说，“这样的条件是不可能办到的，简直太小瞧我们了。”

警察局局长紧锁着眉头：“如果真和传说的那样，约有1000名恐怖分子，我们才有300名警力，贸然进攻会危及人质的安全。”

谈判专家也说：“我看是的，他们人数很多，开出来的菜单上，鸡、鸭、鱼的总数量就有130只（条）之多！他们打算2人吃一条鱼，3人吃一只鸡，4人吃一只鸭……照这样推算，虽然他们的人数可能不到1000人，但也超过500人吧，我们的人数远远比不上他们。”

上校忽然想起了什么，说：“等等，我根据你们介绍的情况大概计算一下他们的人数。只要大体差不多，我们就可以强攻！”他说完，随手掏出衣兜里的纸和笔计算起来。不大一会儿，他说：“对方的人数是120人左右，我们可以强攻了。”

随后，他们发起了进攻，警方大获全胜，除了少量人质受伤外，没有遭受严重的损失。

根据上面数字，你能够计算出恐怖分子的人数来吗？

设有x个恐怖分子吃饭，于是，可列出如下式子：

$$\frac{x}{2}+\frac{x}{3}+\frac{x}{4}=130$$

解这个方程，得x=120（人）。

纠结的分赃案

号外！号外！本市最大的珠宝店——恒美首饰行近日有一批黑珍珠项链在运输途中被劫！这批黑珍珠颗颗圆润有光泽，并且有拇指肚那么大。更加难能可贵的是，每串项链都由108颗大小完全相同的黑珍珠串成，可谓价值连城。

案件一发生，恒美首饰行的老板就邀请被人们誉为"破案能手"的朱强光警官出马，帮忙找回珍珠。

朱警官一接下案件，就马不停蹄地四处侦查起来。经过对抢劫现场的蛛丝马迹的勘查，对周围监控路线的反复观察，终于锁定了五个嫌疑人，并立即对他们进行了追踪调查。

老将出马，一个顶俩！这话说得一点都不错。仅仅三天，朱警官就查出这五个嫌疑人携带着黑珍珠项链逃到了千里之外的一个小县城里。当晚，朱警官就带着警员们，将自以为已经脱离危险、在宾馆里睡大觉的五个嫌疑人逮捕了。并且，在每个人身上都搜出一个装着黑珍珠的袋子。一数袋子里的黑珍珠数量，朱警官就乐了。还真别说，这群劫匪还挺公平，每人分得的珍珠数量完全一样。

经过审讯，这五个嫌疑人对抢劫事实供认不讳。恒美首饰行的老板也核实了缴获的黑珍珠数量，与被劫数量完全一致。

案件就这样完结了。但是，朱警官却给他的警员们留下了一道数学作业。原来，在审讯过程中，朱警官发现了一个有趣的问题：明明每个人分得的黑珍珠数量完全一样，但这五个嫌疑人阿甲、阿乙、阿丙、阿丁、阿戊却都声称自己分得的黑珍珠比其他人多。

这是什么情况？经过仔细询问，朱警官发现了一道有趣的"数学题"。

情况是这样的：为了方便分赃，五人将黑珍珠项链都拆开了。最开始的时候，他们将黑珍珠你一颗我一颗地进行了平均分配，你不多我也不少。

但是，公平对于五个贪婪的劫匪来说，实在是比鞋底的灰尘还微不足道。

分配好黑珍珠，睡到半夜，本次抢劫行动的组织者——阿甲首先动手了。他认为，他不仅出了力，还出了智慧，所以，他应该比其他四人分到更多的珍珠。于是，等其余四人熟睡之后，他悄悄爬起来，从其他四人的袋子里，偷偷拿走了一部分黑珍珠，装入了自己的口袋中，然后才心满意足地约会“周公”了。

显然，有这样心思的不止阿甲一人。等阿甲睡熟没一会儿，阿乙也醒了。他做了跟阿甲一样的动作，也从另外四人的袋子里各取走了一部分的黑珍珠，装入自己的口袋，然后又悄悄睡下。

接着，阿丙、阿丁、阿戊相继醒来，也对其他人做了同样的手脚。然后，朱警官就带着警员们从天而降，将他们绳之以法了。

不得不承认，这五人真的是同一个数学老师“教”出来的。他们都不知道其余四人也同样做了手脚，所以，才认定自己的黑珍珠比其他人多。

但是，世界上还真有这么巧的事，如同小说或电视剧里巧合的情节一样，他们五人忙了半夜，竟然丝毫没有改变结果。每人的黑珍珠数量跟最初一样，还是每人占总量的 $\frac{1}{5}$ 。

这道题中，朱警官只给出一个已知条件，就是最后一个半夜起床做手脚的阿戊，从另外四人的口袋中各取走了 $\frac{1}{10}$ 的黑珍珠据为己有。然后，朱警官要求警员们算出，剩下的四人分别从别人的口袋里取走了几分之一的黑珍珠？

乍一看，真是好难的一道题。不过，这可难不倒被誉为“数学能手”的李警员。他拿起笔，在纸上经过一番验算后给出了答案。

李警员的运算过程是这样的：

设阿戊做了手脚之后，各人的袋中的赃物都为 1 ，于是赃物的总数量为 5 。因为阿戊做手脚时，从其他四人处各取走了 $\frac{1}{10}$ 的赃物，所以在阿戊做手脚前，其他四人的赃物各为$\frac{10}{9}$，因而阿戊自己袋中的赃物是：$5-\frac{10}{9}\times4=\frac{5}{9}$ 。

设阿戊之前的阿丁做手脚时，从其他人口袋中取走 $\frac{1}{k}$（ k 是正整数），则在阿丁做手脚前，阿戊的赃物是：$\frac{5}{9}\times\frac{k}{k-1}$。

此时，因为只遭别人动同样的手脚，阿丁的赃物应与阿戊的一样，也是$\frac{5}{9}\times\frac{k}{k-1}$。

其他三人则各为$\frac{10}{9}\times\frac{k}{k-1}$。因为这时5个人的赃物总和应是5，所以可列方程式：

$$\frac{10}{9}\times\frac{k}{k-1}\times3+\frac{5}{9}\times\frac{k}{k-1}\times2=5$$

解得$k=9$，所以，$\frac{1}{k}=\frac{1}{9}$，即阿丁从其他人处各取走$\frac{1}{9}$的赃物。

阿丁做手脚前各自的赃物分别是：

阿戊与阿丁的相同：$\frac{5}{9}\times\frac{k}{k-1}=\frac{5}{9}\times\frac{9}{8}=\frac{5}{8}$，

其他三人：$\frac{10}{9}\times\frac{k}{k-1}=\frac{10}{9}\times\frac{9}{8}=\frac{10}{8}$。

设阿丁之前阿丙从其他人口袋取走$\frac{1}{k}$，则阿丙做手脚前，阿戊、阿丁、阿丙的赃物是一样的，都是$\frac{5}{8}\times\frac{k}{k-1}$，其他两人是$\frac{10}{8}\times\frac{k}{k-1}$。因为总和是5，所以可列方程：

$$\frac{5}{8}\times\frac{k}{k-1}\times3+\frac{10}{8}\times\frac{k}{k-1}\times2=5$$

解得$k=8$，所以，$\frac{1}{k}=\frac{1}{8}$，即阿丙从其他人处各取走$\frac{1}{8}$的赃物。

阿丙做手脚之前各自的赃物是：

阿戊、阿丁、阿丙的赃物：$\frac{5}{8}\times\frac{k}{k-1}=\frac{5}{8}\times\frac{8}{7}=\frac{5}{7}$，

其他两人的赃物：$\frac{10}{8}\times\frac{k}{k-1}=\frac{10}{8}\times\frac{8}{7}=\frac{10}{7}$。

设阿乙从其他人口袋取走$\frac{1}{k}$，则阿乙做手脚之前，阿戊、阿丁、阿丙、阿乙的赃物是一样的，都是$\frac{5}{7}\times\frac{k}{k-1}$，阿甲是$\frac{10}{7}\times\frac{k}{k-1}$。因为总和是5，所以可列方程式：

$$\frac{5}{7}\times\frac{k}{k-1}\times4+\frac{10}{7}\times\frac{k}{k-1}=5$$

解得$k=7$，所以$\frac{1}{k}=\frac{1}{7}$，即阿乙从其他人处各取走$\frac{1}{7}$的赃物。

阿乙做手脚前各自的赃物分别是：

阿戊、阿丁、阿丙、阿乙都是：$\frac{5}{7}\times\frac{k}{k-1}=\frac{5}{7}\times\frac{7}{6}=\frac{5}{6}$，

阿甲是：$\frac{10}{7}\times\frac{k}{k-1}=\frac{10}{7}\times\frac{7}{6}=\frac{10}{6}$。

设阿甲从他人口袋取走$\frac{1}{k}$，则阿甲做手脚前，他们5个人的赃物是一样的，都是$\frac{5}{6}\times\frac{k}{k-1}$，所以可列方程式：

$$\frac{5}{6}\times\frac{k}{k-1}\times5=5$$

解得$k=6$，所以，$\frac{1}{k}=\frac{1}{6}$，即阿甲从其他人处各取走$\frac{1}{6}$的赃物。

也就是说，阿丁、阿丙、阿乙和阿甲四人分别从其他人处各取走了$\frac{1}{9}$、$\frac{1}{8}$、$\frac{1}{7}$和$\frac{1}{6}$的赃物。

1. 代数式

代数式是一个数学名词。用运算符号（指加、减、乘、除、乘方、开方）把数或表示数的字母连接而成的式子叫作代数式。例如，$3c(m+n)$、$200-3b$、$2xy/a$等都是代数式。

数的一切运算规律也适用于代数式。单独的一个数或者一个字母也可以叫作代数式，如0、x、f等。每个代数式都可以赋予一定的意义（实际意义、几何意义等）。带有“<（≤）”“>（≥）”“=”“≠”等符号的不是代数式。

2. 代数式的书写要求

（1）字母与字母相乘时，乘号通常省略不写；数字与字母相乘时，乘号可以写成“·”或省略不写，数字一定要写在字母的前边；带分数与字母相乘时，应该将带分数转化为假分数。例如，$5\times m$可以写成$5\cdot m$或$5m$，$b2c\times 3$应该写成$6bc$。

（2）在代数式中出现除法运算时，一般用分数线代替除号，写成分数的形式。例如，$(a+b)\div c$可以写成$(a+b)/c$。

（3）实际问题中需要写单位时，如果代数式的最后结果含有加、减运算时，则要用括号把整个式子括起来，再写单位名称。例如，$(x-3y)$千米，不能写成$x-3y$千米。

3. 代数式的值

根据问题的要求，用具体数值代替代数式中的字母，按照代数式中的运算关系，可以求出代数式的值。

【破案趣题】糊涂山贼分马

北宋年间，有一座怪石嶙峋的屠马山，山上住着一群目不识丁的山贼。某夜，月黑风高，正是行凶作案的好日子。这次，他们的目标是一个马场，马场里圈养了一批矫健漂亮的骏马，是打算进献给朝廷的。山贼心想，如果能抢到手，肯定能卖个好价钱，够全山寨的人喝酒、吃肉一阵子了。

现实永远是残酷的。山贼们将马抢到了手，但是负责分配的军师却在打斗中被砸中了脑袋。咽气之际，军师最后履行了他的职责，给出了马匹的分配方法：

山贼头目劳苦功高，应该分得大头，所以，他得全部马匹的半数再加半匹；

山贼老二分得剩下的马匹的半数再加半匹，所得马匹是老大的半数；

老三，分得剩下马匹的半数再加半匹，所得的马匹是老二所得马匹数的一半；

老四，分得最后剩下的马匹的半数再加半匹。

最后，军师叮嘱道，这样分配就一匹马也不用杀，正好完全分完。

说完这些，军师放心地归了西，剩下四个文盲山贼在黑夜中揪着头发，苦苦运算。还没等他们算出个结果，官兵就杀上了屠马山，将山贼和马匹都完好无损地押解回了县衙。

县官大老爷开堂审讯的第一句话就难住了四个山贼，县官问：“你们抢了多少匹马？”

四个山贼一致摇头。县官一看怒了，惊堂木一拍，喝道：“大胆山贼，竟然不招！来人，大刑伺候。”

山贼头目一看不好，就大声喊冤：“大老爷饶命，不是不招，是俺们还没算出到底抢了多少匹马。”

县官大老爷也是一位数学高手，一番审讯，了解完情况后，帮他们算出了马匹数量，让他们明明白白地进了大牢。

读者朋友们，你算出这帮山贼抢了多少匹马了吗？

答案：

在这里，我们不妨打破常规，逆向思考，就可事半功倍。

老四既然得的是最后剩下的“半数”加“半匹”，结果连一匹都没有杀，也没有剩下，那么，他必然得的是1匹。

老三：老四所得的马是老三的一半，那么，老三得的马就是老四的两倍——2匹。

老二：老三得的马是老二的一半，那么，老二得的马是老三的两倍——4匹。

头目：老二得的马是老大的一半，那么，老大得的马就是老二的两倍——8匹。

这样，把四个人得的马匹数相加：1+2+4+8=15（匹）。

不妨，反过来验证一下15匹马是否正确。15匹马的半数，从计算的角度分析，是7.5匹，再加半匹就是8匹，余下7匹。7匹的半数再加半匹是4匹，余下3匹。3匹的半数再加半匹是2匹，余下1匹。1匹的半数再加半匹是1匹，余0。说明强盗抢来了15匹马是正确的。

如果用方程来解，这题就相当复杂。我们不妨看一下：

设山贼抢得的马总数为x，则分析如下：

头目应分的马数：$x/2+1/2$；

老二应分的马数：$1/2[x-(x/2+1/2)]+1/2$；

老三应分的马数：$1/2\{1/2[x-(x/2+1/2)]+1/2\}$；

老四所得的马数是老三的一半：$1/2\times1/2\{1/2[x-(x/2+1/2)]+1/2\}$；

以上四项加起来，列等式等于x。

可见，计算十分烦琐，解题要花费很大的精力，不如第一种方法简单明了。

戴维斯探长办完一起案子刚刚下飞机，就接到中学同学安琪尔的电话，邀请他在一家咖啡馆里见面。戴维斯探长知道她肯定是有事要找他。一见面安琪尔热情地说："老同学，还那么执着。"戴维斯在中学时代就以执着出名，安琪尔记忆犹新。

"是啊，还是老样子。"戴维斯探长实话实说，"你还是那样漂亮。"

他们寒暄几句后，戴维斯探长进入正题，说："你找我一定是有事吧！"

"是啊，你是大忙人，没事我怎么会好意思找你呢？"安琪尔抱歉地说。

"是的，这不，我刚办完一起案子，就接到你的电话了。"戴维斯快言快语。

"是这样的，"安琪尔急忙说，"我快被韦伯斯特这个无赖气死了！"

"你具体说一下到底是怎么回事呀？"戴维斯探长说。

"我父亲和韦伯斯特的父亲合伙在市郊买了一幢豪宅，还有豪宅周围的一大片果园。可我父亲不知是受了什么样的迷惑，竟然立下遗嘱把豪宅让给了韦伯斯特的父亲，只留下果园。我父亲总不会这样傻吧？我怀疑是对方造假。"

"这个遗嘱在哪里？"

"在对方手里。"安琪尔不忿地说，"要不，我就不会怀疑了。"

"哦，鉴定这份遗嘱的真假非常关键。"戴维斯探长说，"那我就开始着手调查。"

第二天，戴维斯探长找到韦伯斯特，同他说明了来意。对方说："安琪尔的父亲和我的父亲是好朋友，遗嘱在我手里，确切说，遗嘱在我父亲生前的记账本里，安琪尔怀疑这份记账本的真伪。"

"哦，表面上财产分配是有点不公平，但我不知道起因，不过立遗嘱的人的意思应该受到尊重，所以我们只能按照遗嘱来办事。"戴维斯探长说，"为了让安琪尔相信你手里的遗嘱是真实的，我受她的委托请第三方对其进行鉴定，你不会有意见吧？”

“当然不会，我也希望这件事能早点解决。”韦伯斯特回到寓所把父亲留下的账本交给了戴维斯探长，遗嘱就在里面。

几天之后，戴维斯探长委托第三方对遗嘱进行鉴定的结果出来了。戴维斯探长将安琪尔和韦伯斯特请到了鉴定单位，负责鉴定的人当着三人的面宣布：遗嘱是真实的、合法的。

安琪尔小姐听到了这个鉴定结果，再怀疑遗嘱的合法性是没有道理的。她说：“我一直怀疑遗嘱的合法性，这次鉴定打消了我的疑虑。实际上，我现在远在伦敦，没有办法回美国经营果园，便想把果园卖给韦伯斯特，这样他自己住着豪宅，管理着果园，应该是一件比较惬意的事情，可是，韦伯斯特说因为无法估价而拒绝我了。”

“哦，估价这事好办，我可以算出来。”戴维斯探长爽快地说。安琪尔喜出望外：“谢谢！请你提供一下估价的具体数字。”

在旁边的韦伯斯特说：“我说的是真话，因为时间久远，写遗嘱的双方老人早已经不在世了，我真的算不出来。如果戴维斯探长能够算出来，得到大家的信服，这个结果是最好不过的了。”

“亲兄弟都是明算账，我当着你们两位当事人的面，不妨算一下，如果你们感到怀疑，可以请别人重算一下，这个没有关系的。”戴维斯探长说完，拿起旧账本，翻到有遗嘱的一页，读起来：“如果我（韦伯斯特的父亲）拿了杰迈一（安琪尔的父亲）家 3/4 的钱，再加上我自己的钱，就可以买下这幢价值 500 万美元的宅子，而杰迈一家里剩下的钱刚好买下果园。后来，杰迈一提议，我拿出自己的 2/3 的钱给他，他再加上自己的钱，也可以购买这幢宅子，有趣的是，我剩下的钱也刚好够买果园。”

“唉，这真是一笔糊涂账，绕来绕去谁会知道果园到底值多少钱呢？”安琪尔不解地说，“他们也想不到自己的一时糊涂竟给后人带来多少麻烦！”

“不会的。”戴维斯探长微笑着说，“我会马上知道你们两家的钱和果园的价值。”说完，他掏出衣兜里的笔和纸计算了起来。

设安琪尔父亲的钱数为 x，韦伯斯特的父亲的钱数为 y，则果园的价值等于 $y/3$，也等于 $x/4$。

根据题意：

$$\begin{cases}(3/4)x+y=500 & ①\\(2/3)y+x=500 & ②\end{cases}$$

解这个方程组，得 $y=250$（万美元），代入①，解得 $x=333.33$（万美元）。

果园的价值：$y/3=250/3=83.33$（万美元）。

戴维斯探长的计算，安琪尔和韦伯斯特看得清清楚楚。戴维斯探长说：“安琪尔，你可以向韦伯斯特要钱了。”

安琪尔做梦也没有想到，戴维斯探长竟会如此麻利地解决了这多日的纠纷。

【知识链接】二元一次方程组的代入消元法

把具有相同未知数的两个二元一次方程合在一起，就组成了一个二元一次方程组。

二元一次方程组的一般形式是：

$$\begin{cases}a_1x+b_1y=c_1\\a_2x+b_2y=c_2\end{cases}$$

（其中 a_1、a_2、b_1、b_2 不同时为0）

使二元一次方程组的两个方程左、右两边都相等的两个未知数的值，叫作二元一次方程组的解。求二元一次方程组的解，叫作解二元一次方程组。

解二元一次方程组的基本思想是“消元”。通过“消元”，变“二元”为“一元”，最终转化为一元一次方程再解出未知数。即将未知数的个数由多化少，逐一解决。消元法分代入消元法和加减消元法。

我们在这里只介绍一下代入消元法。代入消元法是解方程组的两种基本方法之一。把二元一次方程组中一个方程的一个未知数用含另一个未知数的式子表示出来，再代入另一个方程，实现消元，进而求得这个二元一次方程组的解，这种解法叫作代入消元法，简称代入法。

解法举例——代入法

解方程组

$$\begin{cases} x+y=5 & ① \\ 6x+13y=89 & ② \end{cases}$$

解：由 ① 得 $x=5-y$ …③，把 ③ 代入 ②，得 $6\times(5-y)+13y=89$，解得 $y=59/7$，把 $y=59/7$ 代入 ③，解得 $x=5-59/7$，即 $x=-24/7$。

$\begin{cases} x=-24/7 \\ y=59/7 \end{cases}$ 为方程组的解。

用代入法解二元一次方程组的一般步骤：

（1）从方程组中选一个系数比较简单的方程，用含一个未知数的代数式表示这个方程中的另一个未知数；

（2）将变形后的这个关系式代入另一个方程，消去一个未知数，得到一个一元一次方程；

（3）解这个一元一次方程，求出一个未知数的值；

（4）将求得的这个未知数的值代入变形后的关系式中，求出另一个未知数的值；

（5）把求得的两个未知数的值用符号“{”联立起来写成方程组的解的形式 $\begin{cases} x=m \\ y=n \end{cases}$。

【破案趣题】贩毒者的年龄

一天，莫斯探长接到报案，说有一个大人带着一个孩子贩毒，一般情况下毒品都放到孩子身上。探长问：“这是父子关系吗？”举报人说：“不像，年

龄差距不算大，说是兄弟关系还有点可能。”

莫斯探长带着助手按照举报人提供的线索，在他们交货的时候，一举将贩毒团伙捕获。接着，他们对贩毒团伙进行审讯：带毒品的人正如举报人所说，是一个青年和一个少年；买毒品的是一个当地贩毒集团的头目。将这两帮人分开审查，莫斯探长负责审查的是带毒品的青年和少年。

莫斯探长说："你们贩毒有多少年了？"

青年人低头不语，如同没有听见。那位少年说："已经有多年了。"

"你们是什么关系？"莫斯探长又问。

只见那少年抬起头来看了看青年，嘴皮动了一下，也没有再说，从表情上看，应该是他害怕青年而不敢说。

于是，莫斯探长把这两人分开审讯。少年哭着说：是青年人——他管其叫"大哥"，把他从他家乡偷来的。他五六岁的时候，在街上玩耍，青年人也跟着他玩，玩了一会儿，见四周没有人，青年人抱起他就上了停在周围的面包车上，任凭他怎么叫喊，都无济于事。到了一个陌生的地方，只要他哭着喊着回家，就会遭到青年人的毒打，以后他怕打再也不敢喊着回家了。青年人让他喊自己"大哥"，对外就说是亲兄弟。后来，"大哥"总是往他身上放东西，他也不知道是什么，等到自己渐渐长大，才知道那是毒品。"好人是不会用毒品的。"少年说着大哭起来，似乎要把这多年来的委屈都哭出来。

莫斯探长安慰他说："孩子，你是受害者，我们不会追究你的责任；而且从今天起你就自由了，可以找你的爸爸和妈妈了，我们会送你回到自己的家乡去。"

"叔叔，谢谢你救了我！"少年跪下给莫斯探长磕头，莫斯探长急忙弯下身扶起了少年。

后来莫斯探长帮助少年找到爸爸和妈妈，当然，这是后话。

莫斯探长又审讯那个青年，当问到年龄时，青年开始绕圈子："我像他现在这么大时，他才出生（1岁），他到我现在这么大时，我已经37岁了。你算一算我们现在的岁数是多少？"这个贩毒青年还有点学问，说话还算风趣，有点考探长的意思。结果，莫斯探长很快算出了对方的岁数。

你会算这个青年和少年现在的岁数吗？

设少年的岁数为x岁，青年的岁数为y岁，则根据题意，可列出二元一次方程组：

$$\begin{cases} y-x=x-1 & ① \\ y+(y-x)=37 & ② \end{cases}$$

解这两个方程，得x=13（岁），y=25（岁）。

神探与怪盗的对决

星期日上午，约翰探长外出买菜，在一条街道的转弯处，忽然发现了一个微微驼背的身影，样子很像五年前交过手的惯盗 JK.D 。约翰探长急忙追了过去。

五年前，JK.D 连续在全国各州市博物馆盗走数十件国宝，引起轰动。他喜欢在现场留下一些符号或者数字，提示下次偷盗的目标与时间。虽然符号最终被警察破解，但总是落后一步。等他们到达现场的时候，JK.D 已经偷走东西跑路了。JK.D 是个数学爱好者，作案时常常留下一些数学问题来挑战神探的智商。JK.D 也因此赢得了一个“怪盗”的“美”名。最后还是约翰探长出马，终于赶在 JK.D 偷东西的时候赶到现场，经过激烈交战，JK.D 虽然身负重伤，但还是跑掉了。

从此 JK.D 销声匿迹，五年来约翰探长一直东寻西觅，但再也没搜到关于他的任何蛛丝马迹。现在，他突然在自己眼前冒了出来，怎能不令约翰探长喜出望外呢？不过又让约翰探长感到有点莫名其妙，JK.D 是自投罗网，还是悔过自新了？还是他又出来活动了？约翰探长顾不得多想，一种擒拿的欲望让他热血沸腾，不能再等待了，因为 JK.D 的漏网，是他侦探生涯中的一个败笔，每每想起这件事他就会很恼火，人们称他为“神探”，但他最终还是让 JK.D 漏网了。为了雪耻，约翰探长马上追了上去。

在一条不大的街道上，JK.D 拐了一个弯，跑到了一个黑暗的屋子里。

约翰探长怕追丢了目标，急忙也追到了黑暗的屋子里。他习惯性地将手按在腰上，不过因为是星期日他没有带枪。不过，就算赤手空拳，约翰探长也是一把好手。所以，他放心大胆地朝屋内走去。

他正待细看，就感到头顶有一阵寒风袭来。约翰探长暗叫一声不好，有人暗算他。他迅速一歪头，但还是晚了一步。他感觉到脑袋左侧传来一阵刺骨的疼痛，然后便失去了知觉。

等约翰探长醒来时，发现自己被关在一间密封的铁房间里：地板是铁制的，墙壁是铁制的，顶棚是铁制的，门也是铁制的。而且房间里只有一盏灯，安装在铁门的上方。房间里没有任何家具，连把椅子都没有。

约翰探长十分懊恼，后悔自己不该这么莽撞。约翰探长忍着头痛，站起身朝铁门走去，发现铁门上有两张纸条。借着昏黄的灯光，他仔细看起来：

约翰：

这是个你死我亡的游戏。

我在门的另一边，中午12点之前，如果你能找到密码打开这扇门，我便跟你回警局。如果不能，对不起，我就请你去见上帝。

放心吧，我会给你密码的提示。

记住，是中午12点。

JK.D

还有一张纸条写着：

开门密码：5967。

① $7-33=-1$；

② $4\times9=39$；

③ $7^4=6$；

④ $8\times7=8$；

⑤ $3+4\times5=34$；

⑥ $51\div2=2$。

约翰探长读完纸条，连忙低头看自己手腕上的表：上午11点33分，离中午12点还有27分钟。约翰探长舒了口气，庆幸自己醒得及时。他又掐指一算：自己出门的时候不到8点，现在上午11点33分，看来他昏迷了三个多小时。JK.D给他的"惊喜"可真够狠的，只差一点就要了他的命！

只剩27分钟了，时间紧迫。但约翰探长还是先研究了一下这道铁门，门

的把手边有个密码锁，是输入密码的地方。他用手敲了敲铁门，声音沉闷，看来铁门非常厚实。

凭主观臆断，打开这扇门最快的方法就是解开密码了。他将注意力集中在密码提示上，密码不可能是 5967，因为 JK.D 不会出这么简单的问题。这是他放的一个“烟幕弹”，但是这可蒙不住约翰探长的眼睛。他继续思考：“看来 5967 是一个密码的代号，必须把下面的六个式子中的数字所代表的含义搞明白，才能知道 5967 到底代表的是什么数字。”

约翰探长又认真看了一遍六个式子，有点难度，但这才有挑战嘛。约翰探长的兴趣已经完全被激发起来了。他目不转睛地盯着这些数字，大脑高速运转起来。

10 分钟过去了，20 分钟过去了。终于，他的眼珠转了一下，看来约翰探长找出了答案。他不慌不忙在密码锁上输入 4582 四个数字，只听“哔”的一声，铁门开了。

约翰探长是这样算的：

第一步：

从式子④ $8\times7=8$ 得知：7 代表 1，或者 8 代表 0。

第二步：

式子② $4\times9=39$，假设 4 为 a，9 为 b，3 为 c，就是 $a\times b=cb$，可推出以下六组数字算式：

（1）$6\times2=12$，（2）$3\times5=15$，（3）$6\times4=24$，（4）$7\times5=35$，（5）$9\times5=45$，（6）$6\times8=48$。

第三步：

将以上六组数字分别代入算式⑤，设 5 为 x：

当 9 代表 2 时，4 代表 6，3 代表 1，代入⑤：$1+6\times x=16$，得出 $x=15/6$，不为整数，所以排除。

当 9 代表 5 时，4 代表 3，3 代表 1，代入⑤：$1+3\times x=13$，得出 $x=4$，即 5 代表 4，保留。

当 9 代表 4 时，4 代表 6，3 代表 2，代入⑤：$2+6\times x=26$，得出 $x=4$，即

5 代表 4，与 9 代表 4 冲突，所以排除。

当 9 代表 5 时，4 代表 7，3 代表 3，代入⑤：$3+7\times x=37$，得出 $x=34/7$，不是整数，排除。

当 9 代表 5 时，4 代表 9，3 代表 4，代入⑤：$4+9\times x=49$，得出 $x=5$，即 5 代表 5，与 9 代表 5 冲突，所以排除。

当 9 代表 8 时，4 代表 6，3 代表 4，代入⑤：$4+6\times x=46$，得出 $x=7$，即 5 代表 7，保留。

所以符合条件的剩下两组数字：

$3\times 5=15$，即：9 代表 5，4 代表 3，3 代表 1，5 代表 4；

$6\times 8=48$，即：9 代表 8，4 代表 6，3 代表 4，5 代表 7。

第四步：

再将以上两组数字代入① $7-33=-1$，设 7 为 α，1 为 β，

即 $\alpha-33=-\beta$，推出 $\alpha+\beta=33$，并且 $0\leqslant\alpha\leqslant 9$，$0\leqslant\beta\leqslant 9$。

如果 3 代表 4，则为 $\alpha+\beta=44$，根据 α、β 的取值范围，不成立，所以排除。

如果 3 代表 1，则为 $\alpha+\beta=11$，根据 α、β 的取值范围，这个等式成立。

所以最终确定：9 代表 5，4 代表 3，3 代表 1，5 代表 4。

第五步：

根据第四步得知：$\alpha+\beta=11$，假设 $\alpha=1$，那 $\beta=10$，不符合 β 的取值范围，所以 α 即 7 不能代表 1，根据第一步可推出：8 代表 0。

所以，现在已知：3 代表 1，4 代表 3，5 代表 4，8 代表 0，9 代表 5。

第六步：

将以上结果代入式子⑥ $51/2=2$，设 1 为 y，2 为 z：

5 代表 4，即 $4y/z=z$，推出 $4y=z^2$，而整数的平方等于 40 多的只有 7，$7^2=49$。所以 1 代表 9，而 2 代表 7。

现在已知：1 代表 9，2 代表 7，3 代表 1，4 代表 3，5 代表 4，8 代表 0，9 代表 5。

第七步：

将以上结果代入③ $7^4=6$，设 7 为 d，6 为 e，又已知 4 代表 3，得 $d^3=e$。

根据已知结果推出，0、6、7所代表的数字只可能是2、6、8。

所以只有当$d=2$，$e=8$，$d^3=e$才成立，即7代表2，6代表8，剩下的0就代表6了。

综合以上结果，数字的代换是：

表面数字	0	1	2	3	4	5	6	7	8	9
真实意义	6	9	7	1	3	4	8	2	0	5

所以，密码5967实际为4582。

约翰探长推开门，一束耀眼的光射进了密室。门的另一边也是一个密闭的房间，不同的是，这个房间灯火通明，而且除了约翰探长打开的这扇门，在对面的墙壁上还有另一扇门。

房间正中央，一个头发花白的老人坐在椅子上，微笑着对约翰探长说："约翰探长，我们终于又见面了。"

"还不到中午12点。"约翰探长故意看了看手表。

"不错，你赢了！" JK.D笑着承认。

"游戏规则还算数吗？"约翰探长问道，他的潜台词是——你该跟我回警局了。

"当然了！我可是个守信用的怪盗！哈哈哈哈！" JK.D说完大笑起来。

就这样，约翰探长将逃逸五年之久的"怪盗" JK.D带回了警局。神探约翰对决怪盗JK.D的事迹，又开始在警界和"犯罪界"广泛流传。

【知识链接】二元一次方程组的加减消元法及解的情况

一、二元一次方程组的加减消元法

1．加减消元法是解二元一次方程组的基本方法之一。通过将两个方程相加(或相减)消去一个未知数，将二元一次方程组转化为一元一次方程来解，这种解法叫作加减消元法，简称加减法。

解法举例——加减法：

解方程组

$$\begin{cases} x+y=9 & ① \\ x-y=5 & ② \end{cases}$$

解：①+②=$2x=14$，即$x=7$。把$x=7$代入①，得$7+y=9$，解得$y=2$。

$\begin{cases} x=7 \\ y=2 \end{cases}$ 为方程组的解。

2．用加减法解二元一次方程组的一般步骤：

（1）方程组中的两个方程，如果同一个未知数的系数既不相反又不相等，就可用适当的数去乘一个方程或两个方程的两边，使两个方程中的某一个未知数的系数相反或相等；

（2）把两个方程的两边分别相加减(相同时相减，相反时相加)，消去一个未知数，得到一个一元一次方程；

（3）解这个一元一次方程，求得其中一个未知数的值；

（4）把所求得的这个未知数的值代入到原方程组中系数比较简单的一个方程，求出另一个未知数的值；

（5）把求得的两个未知数的值用符号“{”联立起来写成方程组的解的形式 $\begin{cases} x=m \\ y=n \end{cases}$。

二、二元一次方程组的解的三种情况：

1．有一组解：如方程组 $\begin{cases} x+y=5 & ① \\ 6x+13y=89 & ② \end{cases}$

$\begin{cases} x=-24/7 \\ y=59/7 \end{cases}$ 为方程组的解。

2．有无数组解：如方程组 $\begin{cases} x+y=6 & ① \\ 2x+2y=12 & ② \end{cases}$

因为这两个方程实际上是一个方程(也称作“方程有两个相等的实数根”)，所以此类方程组有无数组解。

3．无解：如方程组$\begin{cases} x+y=4 & ① \\ 2x+2y=10 & ② \end{cases}$

因为方程②化简后为$x+y=5$，这与方程①相矛盾，所以此类方程组无解。

【破案趣题】警察和警犬出击

一次，一帮以“地头蛇”为首的黑社会性质的人在跺山的一家山庄开会，警察得到情报后，马上组织行动，认为这是消灭这帮黑势力的最好时机，可以对他们一网打尽，绳之以法。

因黑势力人员众多，所以出动的警察也不少，同时还出动了不少警犬。

最后，在警察和警犬的合力夹击下，这伙黑势力很快就被解决了。

事后，有人问起共有多少警察和警犬参加了这次出击活动？

爱好数学的菲格尔探长想了想，诙谐地说：“警察和警犬的脚一共是890只，警察和警犬的个数一共是360个。你算一算警察和警犬各是多少？”

亲爱的读者朋友，你来算一算怎么样？

方法1：设警察人数为x，警犬数目为y

可列出下列方程：

$\begin{cases} 2x+4y=890 & ① \\ x+y=360 & ② \end{cases}$

①-②×2，得$2y=170$，解得 $y=85$（只）。将$y=85$代入②，得$x=275$（人）。

方法2：用算数法计算。

警察人数：（360×4－890）÷（4－2）=275（人）；

警犬：360－275=85（只）。

智破密码

绿叶市传统的“快乐节”快到了，为了保证节日的公共安全秩序，公安局决定在“快乐节”到来之际进行一次严打。

是啊，每年绿叶市过“快乐节”时，总有失盗和抢劫的事件发生。所以，绿叶市每次“快乐节”前都要进行一次严打，让市民过一个欢乐祥和的节日。

然而，树欲静而风不止。黑社会头目——“秃顶”做梦都在数钞票。他计划在“快乐节”到来之际抢一把，好让自己花天酒地一阵，过一过神仙般的日子。

一个月光皎洁的晚上，四个警察乔装打扮，如同喝醉酒的样子，在街上漫不经心地走着，给人一种放荡的感觉。但实际上他们心里都警惕着哩，眼睛四下观察着，唯恐放过一丝蛛丝马迹。

忽然，一个人影从一个小胡同里闪过。“有情况！”李新明小声地对大家说。

这时，四人装作若无其事地四处散开，隐藏在各个胡同口。

李新明在那个人闪过的胡同瞄了起来，不一会儿，只见一个人鬼鬼祟祟地走出来。李新明大喝一声：“干什么的？”

那人吓了一跳，见是一个人就镇定起来，结结巴巴地说：“兄弟，我……我从亲戚家回来，喝得多了些。”

李新明靠了上去，用鼻子一闻，咳，哪里有什么酒味，分明是在说谎。

“我同你一样，也是喝多了点。走！我们一起到对面的酒吧再去喝上一盅，来个一醉方休。”李新明特意装成一个酒鬼的样子。

“不……不，我急着回家呢。”那人分明是心慌。

“你家在哪里呀？”李新明问。

“向明大街。”

不对呀？向明大街是在后面呀，他又没有喝酒，说话又吞吞突突，说假话，说明心里有鬼。李新明在心里进行分析、判断着。

“老哥，我们再玩会儿吧？”李新明也不知道怎么学会了这一手，说着，就动手去拉他，那人一见李新明要拉他，急忙拔腿向后跑了起来。

李新明急忙追了上去，并挥手示意其余三人向这边围捕。

哈哈！胡同口的前面出现了三人，堵住了那人的去路。他只好停了下来。

“走！跟我们走一趟。”李新明大声喝道。“我们是警察。”

一听到警察这两个字，那人吓得哆嗦起来，乖乖地跟着李新明来到了公安局。

谁料，那人虽然胆小，但嘴硬得很，硬说警察抓错了人。李新明见他很不老实，就对他进行了搜身，衣袋里什么东西都没有。

李新明不死心，见他被带来之前鬼鬼祟祟，心里肯定有鬼，就对他进行全方位检查起来。咦，他的衣缝怎么这么厚？李新明撕开可疑的衣缝，发现里面有一张纸条，他立即掏了出来，展开一看：

大疤：声东击西，●月▲日△时■□分。

□×□=□　　　■×■×■=●

△×■=△　　　（■+△+□）×▲=□×（▲+■+●）

秃顶即日

“哦，这可是一封密信。”李新明说。

几个警察接过一看，一时也不知怎么破解。

“这是一封密信，我们应该火速解开，将罪犯绳之以法。”李新明马上认识到问题的严重性。

于是，警察们就对那人进行了紧急审讯。

“你们有本事就自己破解好了，干嘛要问我呢？”那人没有半点交代的意思，态度顽固得很，看来是一个“骨干”分子。对他审讯一时半会不会有什么结果，警察只好自己进行分析处理。

“哈哈！我有办法啦！”李新明说。经他后面一番分析，大家立即茅塞顿开。

李新明组织力量，终于对这帮想在8月5日0点21分抢劫一家大银行的犯罪集团来了个一网打尽。

原来，这帮黑势力的头目秃顶想在8月5日这天，利用声东击西之计抢劫一家银行。首先，让大疤一伙人对在商场东面的银行进行袭击，造成一个被抢的局面，如果成功的话就进行点火，等人们都去救火的时候，把警察吸引过去，然后，秃顶就带领人马对在商场西边的一家银行进行抢劫。谁知出师不利，被警察抓住了送信的人。结果，警察来个调虎离山，把大疤引了出来，当他们鬼鬼祟祟来到大商场东边的银行要放火的时候，被警察一网打尽。与此同时，警察们点燃了一辆报废车，大火汹汹，作为“成功”的信号。

秃顶见已起火，认为大疤抢劫成功，马上领着他的人马要到大商场西边的银行去抢劫，也被逮了个正着。因他负隅顽抗，被当场击毙。树倒猢狲散，那一帮亡命之徒见头目到阎王那里去“报到”了，纷纷缴械投降了。

这里，破解密信是关键，读者朋友们，请你当一回侦探王，破解一下这封密信，如何？

从前面四个式子看出，每个符号代表一个数字。从 ■×■×■=●看，■不能是1，也不能大于2，■只能是2，进而推出●=8。

从△×■=△，结合■=2知，△=0。由□×□=□知，□可能代表1或0，但△=0，因而，□不能是0，只能是1。

所以最后一式变为3×▲=▲+2+8，则▲=5。

即秃顶决定要在8月5日0点21分抢劫银行。

【知识链接】三元一次方程组

含有三个未知数并且未知数的项的次数都是一次，这样的整式方程叫作三元一次方程。共含有三个未知数的三个一次方程所组成的一组整式方程，叫作三元一次方程组。解三元一次方程组的主要解法是“消元”，其方法是加减消

元法和代入消元法，把三元一次方程组转化为二元一次方程组，从这个二元一次方程组解出这两个未知数的值，并把它们代入原方程组的一个方程中去，得到一个一元一次方程，解这个方程，从而得到原方程组的解。

在实际解三元一次方程组时，应当充分注意方程组的具体特点，根据具体情况，决定采用加减消元法或者代入消元法，或者两种方法配合使用，使解题过程简洁自然，十分流畅。

例：解三元一次方程组

$$\begin{cases} 3x-2y+z=7 & ① \\ 2x-y+2z=9 & ② \\ x+3y-3z=-4 & ③ \end{cases}$$

解法1：用代入法

从式子①得$z=7-3x+2y$ ④

把式子④分别代入式②、③，并整理得

$$\begin{cases} 4x-3y=5 \\ 10x-3y=17 \end{cases}$$

解这个二元一次方程组，得

$x=2$，$y=1$。

把它们代入④，得$z=3$。

解法2：用加减法

式①×2-式②，得$4x-3y=5$，

式①×3+式③，得$10x-3y=17$。

解由这两个方程组成的二元一次方程组，得$x=2$，$y=1$。

把它们代入式①，得$z=3$。

所以原方程组的解是：

$$\begin{cases} x=2 \\ y=1 \\ z=3 \end{cases}$$

【破案趣题】揭开数字的神秘“面纱”

8 月 20 日，某海关检查站站长麦思提根据情报得知：有一批走私轿车要入境。他派人对刚入港的轿车进行严格的检查，发现有一辆轿车的方向盘的正中央有一道经过“化妆”的减法算式，其中有三个不同的数字戴着各自的面具□、△和○：

$$\begin{array}{r} \square\triangle \\ -\ \triangle\square \\ \hline \bigcirc 4 \end{array}$$

下面写着：海上 □△○ 交货 。

“这是什么意思呀？”麦思提感到很棘手，“首先要破解这个问题，才能下结论。”

麦思提认真分析起来，不断地计算着。

不一会儿，麦思提紧锁的眉头舒展开来，把手一拍：“哈哈！原来这几个戴面具的符号，是老狐狸走私的时间呀！”

“这怎么讲？”助手不理解地问。

“这几个符号有三种组合：715、825、935。”麦思提分析着，“今天正好是 8 月 20 日，显然不是 7 月 15 日，9 月也没有 35 日，不符合要求。所以，他们应该是 8 月 25 日在海上交货。还有 5 天就是老狐狸交货的时间。”

在 8 月 25 日这天夜晚，警方布下了天罗地网，在海上拦截了一艘走私船，上面载有大量的走私轿车，他们一举摧毁了这帮走私集团。

亲爱的读者，你能够分析出 □△○ 各代表什么数字吗？哪一组才是走私日期？

我们不妨进行如下计算：

$$\begin{array}{r} \square\triangle \\ -\ \triangle\square \\ \hline \bigcirc 4 \end{array}$$

在上面的式子里，前两行中，方形□和三角形△互相交换位置。这样得到的差有一些特殊的性质，仔细看这个差：

□△－△□＝（□×10＋△）－（△×10＋□）＝□×9－△×9＝（□－△）×9

从上面的右端看出，差一定是9的倍数。就是说，○4是9的倍数。

一个数是9的倍数，它的各位数字之和也是9的倍数。所以○＋4是9的倍数，因此○＝5。

要想知道□和△是多少？可从局部进行考虑。

因为被减数比减数大，所以从十位得到□＞△。

这样在个位相减时，从△减去□不够减，要向十位借，所以从个位得到：（10＋△）－□＝4。变形，得到：□＝△＋6。

所以方形□和三角形△的数字共有三种可能：

□＝7，△＝1；□＝8，△＝2；□＝9，△＝3。

对应的算式分别是：71 － 17 ＝ 54；82 － 28 ＝ 54；93 － 39 ＝ 54。

在每种情形下，圆形○的数字都是5。

现在，我们就不难看出□△○三种数字的组合情况：715、825、935。从时间上看，825代表8月25日，比较符合实际。

巧查面粉团里的钻石

麦克警官在出入境通道把守，几十年来，他同钻石走私犯进行了不计其数的针锋相对的斗争。

那时候，科学还没有这样发达，边境上还没有现代的电子仪器，所有的过关物品都需要用磅秤来称量。当时，为了节省开支，磅秤竟然没有添置整套秤砣，不能称量 50 千克到 100 千克之间的物品。走私犯觉得这是一个可以"钻"的漏洞，他们千方百计地利用这个秤上的"盲区"进行走私。

一次，一帮走私犯购买了大量的面粉，并把钻石藏在搓成团的面团里，然后，扛着一包包面粉团到边关来接受检查。

麦克警官觉得这帮人很蹊跷，运 5 袋面粉团竟然来了 6 人，而且脸上有着掩饰不住的慌张，看来面粉团必有诈！

再看这 5 袋标称 55 千克的面粉团，根据袋上的说明，每袋面粉团的误差在 4 千克以内，也就是说，每袋面粉团的重量在 51 千克到 59 千克之间。

即便是走私犯在面粉团里掺进了大量的钻石，这个范围也是无法用磅秤称量出实际重量的。除非打开面粉袋一点一点进行检查，否则再也没有别的办法了。如果这样的话，就要用很多时间来检查。时间长了，后面的受检人员就会不满，怎么办呢？

麦克警官看到排在后面的长队，他有点犹豫了。

"警官，快速点！"一个走私犯看到麦克警官为难的表情，就催了起来，"我们还要到亲戚家呢！你没有看到后面那么多人排队吗？"

麦克警官心想：不能让这批走私犯的阴谋得逞。他决心要称出面粉团的实际重量。既然磅秤无法称出 50 千克到 100 千克之间的重量，他便把 5 袋面粉团一对一对地称，5 个袋子组成不同的 10 对，一共称了 10 次。

称得的 10 个数字由小到大依次排列如下：110 千克，112 千克，113 千克，114 千克，115 千克，116 千克，117 千克，118 千克，120 千克，121 千克。

然后，麦克警官用笔一一算了起来，几分钟后，他抬起头来对走私犯冷冷地说："你们竟然在面粉团里掺进了 3 千克以上的钻石，这样的罪行足够让你们终身监禁。现在，你们被捕了。"

那些自以为聪明的走私犯怎么也想不通，不开袋逐个检查，麦克警官怎么会在这么短的时间内动笔算了算，就识破他们的诡计了呢？

下面我们就来看看麦克警官是如何算出来的。

把称得的 10 个数字相加，得到 1156 千克，即是 5 个袋子重量之和的 4 倍，把 1156 千克除以 4，得知 5 个袋子共重 289 千克。

为方便起见，把 5 个袋子按重量大小依次用字母代表：最轻的口袋为 A 号，次轻的口袋为 B 号……最重的口袋为 E 号。不难理解，在 110、112、113、114、115、116、117、118、120、121 这 10 个数字中，第一个数字（110）是两个最轻的口袋 A、B 的重量之和，第二个数字（112）是 A、C 两个口袋的重量之和，最后一个数字（121）则是最重的两个口袋 D、E 的重量之和，倒数第二个数字（120）是 C、E 两个口袋的重量之和，即：

$$\begin{cases} A+B=110\text{（千克）}\cdots\cdots① \\ A+C=112\text{（千克）}\cdots\cdots② \\ C+E=120\text{（千克）}\cdots\cdots③ \\ D+E=121\text{（千克）}\cdots\cdots④ \end{cases}$$

由此，不难看出 A、B、D、E 这 4 个口袋的总重量为①加④，即：110+121=231（千克）。

5 个口袋的总重量与这个重量之差，即可求得 C 号口袋的重量为 289-231=58（千克）。

把 C 的值代入②、③两式，分别求得 A=54（千克），E=62（千克），并依次可求得 B=56（千克），D=59（千克）。

因为面粉团的重量误差是在 4 千克以内，即每袋面粉团的重量在 51 千克～59 千克都属于正常，所以 62 千克的面粉团说明走私犯至少在一袋面粉团中掺入了 3 千克的钻石。

走私犯在证据面前，傻了眼，不得不接受惩罚。这件事一传十，十传百，后来，其他的走私犯再也不敢在秤上玩把戏了。

【知识链接】四元一次方程

在方程中含有四个未知数，且未知数最高次数为1的整式方程，就叫作四元一次方程。

四元一次方程的解法也有技巧。

首先，将四元一次方程组消去一个未知数变成一个三元一次方程组，再将三元一次方程组消去一个未知数变成二元一次方程组，再消去一个未知数变成一元一次方程。接着解出第一个未知数，代到上面的二元一次方程中得出第二个未知数的值，再将求出的两个值代入三元一次方程中，求出第三个未知数，最后将求出的三个未知数的值代入四元一次方程中求出第四个未知数，最后即求出此方程组的解。例如：

$$\begin{cases} x+y+z+u=4 & ① \\ x+y-z-u=-2 & ② \\ x-y+z-u=0 & ③ \\ x+y-z+u=2 & ④ \end{cases}$$

③+④，得：$2x=2$，所以$x=1$。

④−②得：$2u=4$，所以$u=2$。

①+②，得：$2x+2y=2$，即$x+y=1$，把$x=1$代入，得：$y=0$。

把$x=1$，$y=0$，$u=2$代入①，得：$1+0+z+2=4$，所以$z=1$。

所以方程组的解为：

$$\begin{cases} x=1 \\ y=0 \\ z=1 \\ u=2 \end{cases}$$

一天，滨海市公安局截获了一份神秘的电文：

朝：

请在火车站候车室接头。

公安人员通过周密分析，认定这是一伙走私犯在进行一项秘密交易。公安局立即召开会议，决定要抓获这批走私犯。可是这份电文没有接货时间，这使得他们一时无从下手。

这时，缉查队长只好下令："从今天起要严密监视候车室，直到抓到罪犯为止。"

"也只有这样了。"坐在一边的小张说出了大家的心里话。

一直没有说话的阿力还在研究着电文内容，突然，他站起来说："我已经找到这个电文的秘密了。"

"是吗？这太好了。"小张高兴极了。

"是的。"阿力解释道，"'朝'拆开为'十月十日'，又有早晨之意，所以我判断接头的时间为'十月十日早晨'。"

"哇！完全正确！"缉查队长完全赞同。"我们在十月十日严密监视候车室，对在那里交货的走私犯，来个一网打尽。"

就这样，公安人员在十月十日早晨，提前埋伏在候车室的周围，把前来接头的走私犯逮了个正着。

在审讯过程中，公安人员发现，狡猾的走私犯并没有带什么"货"，而只是在进行试探有没有被监视。后来他们在一个走私犯的衣袋里搜出了一张特别的纸条：

□+○−▽=6;

▽−☆+□=3;

□+○−☆=5;

○+□+▽=16；

○+▽+□+☆=？（本月）。

从上面的式子中，计算出“？”是关键，这就是走私犯下一次交接货的时间，地点照旧。

“真是扑朔迷离，这个密码怎么破呀？”小张为难起来。

“我们要开动脑筋。”小王说。“我看这也是比较好解决的，把上面的式子给解决了就有了问题的答案。”

“对！我们就是要算出上面式子的答案。”阿力说着，就算了起来。“我算出来了，‘？’的答案是22。我想走私犯是在本月的22日交接货。”

“对！完全正确。”大家都表示赞同。

结果就在22日，他们抓获了一批走私犯，缴获了一大批走私物品。

大家想一想，你能算出这个“？”来吗？

答案：

□+○−▽=6……①

▽−☆+□=3……②

□+○−☆=5……③

○+□+▽=16……④

③−②得，○−▽=2……⑤

④−②得，○+☆=13……⑥

①+④得，2□+2○=22，2（□+○）=22，即□+○=11……⑦，代入①得11−▽=6，所以▽=5。代入⑤得○−5=2，所以○=7。代入⑦得□+7=11，所以□=4。

○=7代入⑥得7+☆=13，所以☆=6。

由此可见，□=4，○=7，☆=6，▽=5。

所以○+▽+□+☆=7+5+4+6=22。

第4章

"二次"方程

——揭开未知数的背后真相

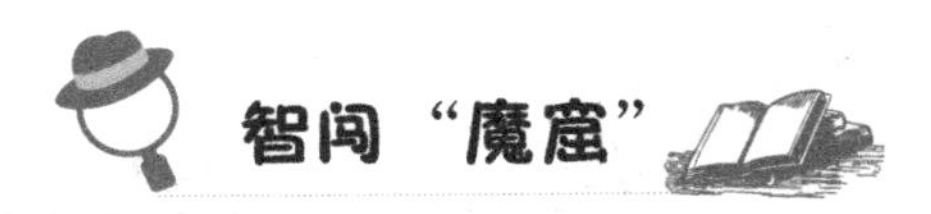

智闯“魔窟”

Z国A市山清水秀，繁花似锦，人们在这里安居乐业。可是，最近一段时期，这里偷盗猖獗。有些人做着不努力就想发财的梦，开始偷盗财物，后来发展成为一个偷盗团伙。这帮人入户行盗，拦路抢劫，无恶不作。民工辛苦一年挣到的血汗钱被偷，老两口一生的积蓄被骗去，病人的救命钱被抢……这样的事件越来越多。

每当警察赶到案发现场的时候，抢劫犯早已逃之夭夭。抢劫犯鬼得很，里面不乏“高水平”盗窃犯。高智商作案，给社会带来严重的破坏。

怎么办？索尔探长奉命侦破此案。为了将这些罪犯一网打尽，索尔探长决定先对罪犯跟踪侦查，摸清底细。

一天晚上，索尔探长和助手发现一伙人盗窃了一家商店，助手想冲上去抓住盗贼，被索尔探长制止住了，要他不要轻举妄动，便暗地里悄悄尾随着他们。

一个小时之后，他们来到一座山下，这里有一座房子，房子没有门可以直接进去。当索尔探长和助手进去之后，发现里面什么都没有，人都不见了。四周观察一遍，发现在一堵墙壁上，好像有个按钮。索尔探长在上面按了一下，墙壁上竟然开了一个门。

“哦，这是暗门。”索尔探长和助手瞪大眼睛看明白了。

原来抢劫犯带着抢来的东西进入了秘密地下通道，索尔探长和助手马上进入了那扇门。门后有一个荧光屏幕，上面有这样的内容：

$$\frac{1}{\sqrt{3}+\sqrt{2}}+\frac{1}{\sqrt{2}+1}-\frac{2}{\sqrt{3}+1}$$

索尔探长示意助手不要乱按，要先计算荧光屏上的算式的值。

于是，索尔探长马上掏出衣兜里的纸和笔，快速地计算起来。

$$\frac{1}{\sqrt{3}+\sqrt{2}}+\frac{1}{\sqrt{2}+1}-\frac{2}{\sqrt{3}+1}$$

$$=\frac{\sqrt{3}-\sqrt{2}}{(\sqrt{3}+\sqrt{2})(\sqrt{3}-\sqrt{2})}+\frac{\sqrt{2}-1}{(\sqrt{2}+1)(\sqrt{2}-1)}-\frac{2(\sqrt{3}-1)}{(\sqrt{3}+1)(\sqrt{3}-1)}$$

$$=(\sqrt{3}-\sqrt{2})+(\sqrt{2}-1)-(\sqrt{3}-1)=0$$

索尔探长看到荧光屏上有“0”“1”“2”“3”的按钮，他选了“0”按钮一按，第二扇门果然开了。原来抢劫犯是用根式得出的数字代表这个门的按钮。他们急忙进入大门，当想继续往前走的时候，不料，对面出来一个秃顶的人，他们急忙躲闪在一堵墙的一角，屏住呼吸。幸亏他到别的洞去了，没有直走，否则，就很可能坏大事啦!

索尔探长和助手刚想动弹，这时，从洞里又出来一个人，大声喊：“赖一宫，头儿叫你！”名字叫赖一宫的人，正在打牌，不情愿地向另一个洞走去，不用说，去的那个洞是头儿住的地方。索尔探长和助手暗暗记好。确认不会被人发现后，他们又向前走，刚转了一个弯，前面又是一扇门。助手嘀咕着：“这在暗道里还设这么多的门干嘛？”“肯定有设门的道理。”索尔探长小声说着，来到门前，只见门的正上方也有一个荧光屏，在闪烁着紫光，看上去阴森恐怖。上面写着这样内容：

$x=\frac{\sqrt{5}-1}{2}$，$y=\frac{\sqrt{5}+1}{2}$，x^2+xy+y^2 开门值

索尔探长和助手两人都掏出纸和笔算了起来：

解：$x^2+xy+y^2=(x+y)^2-xy$

$$=(\frac{\sqrt{5}-1}{2}+\frac{\sqrt{5}+1}{2})^2-(\frac{\sqrt{5}-1}{2}\times\frac{\sqrt{5}+1}{2})$$

$$=(\sqrt{5})^2-\frac{5-1}{4}=5-1=4$$

索尔探长和助手几乎在同一时间都计算了出来，其答案都是“4”，这说明两人的计算没有错误，再看一看闪烁着紫光的荧光屏外面，好像有些比较暗

淡的符号：

2，4，8，$\sqrt{3}$，$\sqrt{5}$

“在这些数字中，应该选取‘4’。否则，很可能出现意外，惊动抢劫犯。”索尔探长小声对助手说。“对。”助手回答，“我也是这么认为的。”于是，索尔探长用手按了“4”的按钮，大门“吱”的一声开了。索尔探长和助手往里面仔细一看，发现没有什么可疑的，就走了进去，里面有一个窗户，亮着灯，走近窗户，透过玻璃可以看到里面堆着抢劫来的赃物。

“关键的地方应该就是这里了，我们应该马上撤。”索尔探长下令。

于是，索尔探长和助手悄悄撤了出来。他们走到一个安全的地方，索尔探长掏出手机，说：“这里有信号了。我马上联系警察局，让他们多派几个人来，将这帮抢劫犯一网打尽。”

20分钟后，20多名全副武装的警察带着武器赶来，将这个老巢全面包围，并在索尔探长的带领下，冲了进去，将一个个抢劫犯押了出来。最后清点人数，就是不见头儿。据小喽啰交代：“我们自己也不知道有多少个人，大家进进出出，都不管别人的事情，也不准问，免得被连累。不过，我们的头儿可不在这里。”

“哦，你认识你们的头儿吗？”索尔探长急问。

“是的，我认识他。”小喽啰肯定地说，“被捕的这帮人里我敢肯定没有他！”

“这怎么会呢？”索尔探长感到不可思议，自己带领警察亲自到头儿的住所抓人，抓到了一个人，难道那人不是头目吗？

“你们的头儿有什么特征？”索尔探长说，“比如是胖，还是瘦？是高，还是矮？年龄有多大？”

“他大约是35岁的样子。”小喽啰说，“奇怪，我怎么没见过那个满脸胡子的人呢？”小喽啰又指着一个人说道。

索尔探长走到从头儿住所抓出来的满脸胡子的人跟前，一把将他的假面具撕下，他的真面目暴露了，原来他比较年轻，大约35岁左右，正是这窝盗贼的头目！索尔探长点点头，说：“你怎么被吓成这样子，还要乔装逃脱？”

这个头目不得不乖乖交代：他听到有人进来，想从暗道跑掉，但又马上放弃了这个想法，因为逃跑后，警察会紧追不舍，自己会被追得十分狼狈，活得提心吊胆。如果一旦乔装成一个小喽啰的话，罪判得会很轻，自己就可以逃脱重罚。这不，他就戴上了早准备好的假面具混成小喽啰以便蒙混过关，谁知还是被聪明的索尔探长发现了。

【知识链接】二次根式及其性质

1. 什么叫二次根式：

一般地，形如$\sqrt{a}$（$a\geqslant0$）的代数式叫作二次根式。其中“$\sqrt{\ }$”叫作二次根号，二次根号下的a叫作被开方数。

2. 二次根式的基本性质：

（1）二次根式的双重非负性：

$$\left(\sqrt{a}\right)^2=a\left(a\geqslant0,\ \sqrt{a}\geqslant0\right)$$

（2）二次根式的乘法法则：

$$\sqrt{a}\cdot\sqrt{b}=\sqrt{ab}\ (a\geqslant0,\ b\geqslant0)$$

即：两个非负数的算术平方根的积等于这两个数积的算术平方根。

二次根式的乘法法则反过来，就得到

$$\sqrt{ab}=\sqrt{a}\cdot\sqrt{b}\ (a\geqslant0,\ b\geqslant0)$$

即：积的算术平方根等于各因式的算术平方根的积。

归纳：

①类比整式的乘法法则，二次根式的乘法法则适用于两个以上的二次根式的乘法。

②被开方数是积的形式才能逆用公式进行化简。若是多项式，也应尽量化为完全平方数（式）与整数（式）的积的形式。

③开得尽方的因数或因式移出根号外时要确认符号为正和指数减半。

（3）二次根式的除法法则：

$$\frac{\sqrt{a}}{\sqrt{b}}=\sqrt{\frac{a}{b}}\,(a\geqslant 0, b>0)$$

即：商的算术平方根等于算术平方根的商。

把二次根式的除法法则反过来，就得到：

$$\sqrt{\frac{a}{b}}=\frac{\sqrt{a}}{\sqrt{b}}\,(a\geqslant 0, b>0)$$

（4）最简二次根式：

①被开方数不含分母；

②被开方数中不含能开得尽方的因数或因式；

满足上述两个条件的二次根式，叫作最简二次根式。

说明：二次根式的运算中，一般要把最后结果化为最简二次根式，并且分母中不含二次根式。

（5）二次根式的加减：

一般地，二次根式加减时，可以先将二次根式化成最简二次根式，再将被开方数相同的二次根式进行合并。

同类二次根式：如果几个二次根式化成最简二次根式以后被开数相同，这几个二次根式就叫作同类二次根式。

A国B市最近贩毒集团活动猖獗，有不少毒品流入社会，严重影响了市民的家庭和生活。为此，有不少市民向市长建议，务必及早查清这些毒品的来源，清除社会上的毒瘤，还社会一个安定、祥和的环境。

市长让公安局严查这些问题，及早将这帮歹徒捉拿归案。公安局长不敢怠慢，接到命令后便派出大量的暗探与警察，想尽快将这帮毒贩的情况调查清楚，最后来个一网打尽。

公安局获得情报，发现了大毒枭胡莱德的老巢。局长下令对老巢进行严密封锁，对屋子进行全面的搜索。但竟没有发现一点毒品；情报说老巢刚进来一大批毒品，这么快根本不可能来得及转移。那么，毒品藏到哪里去了？

于是，局长下令对老巢再进行一次严密的搜索。经过地毯式的搜索后，一位警察发现了一间特殊的房子，房子里什么也没有放，但墙壁上写有这样的符号：$\sqrt{\frac{1}{3}}\times\sqrt{27}$。

“这些符号与藏毒品有什么关系吗？”这位警察想。再仔细搜索，发现在$\sqrt{\frac{1}{3}}\times\sqrt{27}$符号的周围，还有“3”“4”“5”等数字，难道这是“暗门”的代号？于是，他计算起$\sqrt{\frac{1}{3}}\times\sqrt{27}$来，答案是“3”。他过去按了一下“3”，旁边的门“吱”一声打开了。进去一看，里面竟是走私犯的仓库，毒品都藏在这里。

根据线索，最后警察将这伙走私犯一网打尽。据走私团伙的头儿交代：“‘3’是仓库大门的按钮，‘4’和‘5’是报警器，一旦按了后两个按钮中的任何一个，我们听到报警后就会逃掉。”

青少年朋友们，你们会计算$\sqrt{\frac{1}{3}}\times\sqrt{27}$这个式子的答案吗？

实际上，就是要解根式。只要掌握解根式的基本方法，问题就会很快解决。

$$\sqrt{\frac{1}{3}}\times\sqrt{27}=\sqrt{\frac{1}{3}\times 27}=\sqrt{9}=3$$

宴会上的谋杀案

在M国，家庭宴会盛行。这天晚上，丽娜家举行晚宴，大家齐聚一堂，杯盏交错，宴会很快进入了高潮。

在宾客当中，最受青睐的当属青年影星海伦斯。她被人们围在中间，神采飞扬，接受众人的敬酒。虽然她平日有些酒量，但由于连饮数杯，也有了几分醉意。

此时，站在一边看好戏的女主人丽娜，拿着一瓶刚打开的香槟来到海伦斯面前，用讥讽的口吻说：“海伦斯，今晚你更加美丽了，瞧，大家都在欣赏你呢！我也敬你一杯吧。”说完，将海伦斯的酒杯又斟满了。

醉意朦胧的海伦斯本不想再喝，但出于对主人的尊敬，还是端起了酒杯，一饮而尽。这一杯酒下肚后，海伦斯醉得连话都说不清了，她只好坐下来休息。这时，丽娜的丈夫走过来，对海伦斯说：“海伦斯，请你多吃点东西，不要再喝酒了。”

正在照顾客人的丽娜看到海伦斯没有多大的问题，又拿着香槟走过来，对海伦斯客气地说：“海伦斯小姐，抱歉照顾不周，再敬你一杯。”边说边给海伦斯又倒了一杯酒，盛情难却的海伦斯不好意思拒绝主人的好意，又一仰头喝了一杯。随后丽娜又去照顾别的客人去了。

宴会高潮迭起，过了一会儿，海伦斯突然身子一晃倒了下去，手中的杯子“啪”的一声摔得粉碎。这声音把大家吓了一跳，顿时，宴会厅里有人高声尖叫起来。

主人马上打电话叫救护车将海伦斯送往医院急救，但是为时已晚，法医诊断海伦斯死于酒精中毒。

宾客们感到奇怪，按照海伦斯的酒量，喝了几杯香槟酒，不至于醉成这样，更不至于丧命。

海伦斯的爸爸闻讯赶到现场，也觉得女儿酒量不至于醉成这样。随后，他

请了私人侦探 NM 探长前来调查。通过尸检报告知道：海伦斯的内脏多处充血，尤其是胃以及十二指肠的黏膜充血、水肿和出血更为严重；血液中酒精浓度达到 0.6%；导致大脑皮层呈高度抑制状态，并对呼吸、循环中枢产生抑制而致使呼吸骤停。

根据海伦斯喝的酒，不至于导致血液中酒精的浓度达到这么高的程度。NM 探长感到疑惑：是什么情况，导致海伦斯喝那么多的酒而达到中毒程度呢？

通过调查知道，丽娜在海伦斯已经喝多时还进行两次敬酒，不同寻常，因为家庭里开酒会一般是不喜欢客人们喝多的，喝多了一是对客人不够尊重，更重要的是喝醉者一呕吐，家里的客厅会酒气冲天，给主人造成生活上的不便。因此，丽娜有重大嫌疑被 NM 探长带走进行调查。经过几次调查，丽娜心里几乎崩溃，只好将自己的所作所为进行了交代：是她用酒精杀死了海伦斯。

那么，海伦斯是怎样被丽娜杀害的呢？

原来，丽娜第一次拿来的香槟酒瓶里装的不是真正的香槟，而是纯酒精，她趁海伦斯有几分醉意的时候，诱使她喝了一杯纯酒精。接下来，丽娜把之前的香槟酒瓶又用水加满，然后又诱使海伦斯喝了一杯兑水后的酒精液。这样，海伦斯因酒精中毒而导致死亡。不过，丽娜第二次将酒瓶用水加满时，瓶内的酒精含量已大大降低了，她再倒给别人喝时，别人没有察觉。

NM 探长发现装香槟酒的瓶子能盛纯酒精 630 克。第一次倒出一杯酒后，用水加满，第二次丽娜又倒出同样大小的一杯，再用水加满，这时假设瓶内剩下纯酒精 280 克，那么海伦斯第一次喝的一杯酒精液体是多少克呢？

解：设一杯液体是 x 克

	液体	溶质	浓度
原来：	630	630	1
倒一次后：	630	$630-x$	$\dfrac{630-x}{630}$
倒二次后：	630	$630-x-\dfrac{630-x}{630}\cdot x$	$\dfrac{630-x-\dfrac{630-x}{630}\cdot x}{630}$

根据题意：$630-x-\frac{630-x}{630}\cdot x=280$

整理，得 $630\times(1-x/630)^2=280$

解得 $x=210$ 或 $x=1050$（不合题意，舍去）

因此，海伦斯第一次那杯酒喝掉了 210 克酒精。

【知识链接】一元二次方程

只含有一个未知数（一元），且未知数最高次数为2的整式方程，叫作一元二次方程，其一般形式为：$ax^2+bx+c=0$（$a\neq0$）。其中，ax^2 叫作二次项，a 是二次项系数；bx 叫作一次项，b 是一次项系数；c 叫作常数项。

一元二次方程有三个特点：①只含有一个未知数；②未知数的最高次数是2；③是整式方程。

解一元二次方程的基本思想方法是通过“降次”，将它化为两个一元一次方程。

一元二次方程的基本解法有四种：

1. 直接开平方法；2. 配方法；3. 公式法；4. 因式分解法。如下表：

解题方法	适合方程类型	注意事项
直接开平方法	$(x+a)^2=b$	$b\geqslant0$时有解，$b<0$时无解
配方法	$x^2+px+q=0$	二次项系数若不为1，必须先把系数化为1，再进行配方
公式法	$ax^2+bx+c=0(a\neq0)$	$b^2-4ac\geqslant0$时，方程有解；$b^2-4ac<0$时，方程无解。先化为一般形式再用公式

续表

解题方法	适合方程类型	注意事项
因式分解法	方程的一边为0，另一边分解成两个一次因式的积	方程的一边必须是0，另一边可用任何方法分解因式

【破案趣题】警车的紧急刹车

一次，樟树市公安局接到报案，说是一辆轿车里的人抢走了一个从银行提款出来的中年妇女的钱。有目击者说："那位提款的中年妇女提着包裹，经过斑马线穿过马路。在斑马线对面停着一辆汽车。当那位妇女走到车的身边时，突然车门推开，下来一个小伙猛地夺下那妇女的包裹，转身上车，车就开足马力逃跑了。"

王警官听完汇报，说："这个案件是有预谋的，影响恶劣，市民会关注这个抢劫案的侦破情况，我们务必及早侦破。张警员，你带几个人开车马上去追，并让各个路口的摄像头正常运转，及时查找可疑车辆。"

张警员开车带上几个警察马上到抢劫车可能去的地方。当追了20分钟之后，可疑目标出现。这时道路上的行车比较多，人来人往，警车降低了速度，以20米/秒的速度行驶，突然，抢劫车的后门打开，扔出一大堆障碍物，一旦撞上，车胎就会破裂。张警员发现前方出现这种情况后，立即刹车，警车又滑行25米后停车。后来，抢劫车被前面堵截的警察拦住，抢劫犯被捕，这是后话。

读者朋友们，你们会求下面几个问题的解吗？

（1）从刹车到停车用了多少时间？

（2）从刹车到停车平均每秒车速减了多少？

（3）刹车后汽车滑行到15米时，大约用了多少时间（精确到0.1秒）？

答案：

（1）已知刹车后滑行路程为25米，如果知道滑行的平均速度，则根据路程、速度、时间三者之间的关系，可以求出滑行时间。为了使问题简化，不妨假设车速从20米/秒到0米/秒是随时间均匀变化的。这段时间内的平均车速为最大速度与最小速度的平均值，即 $\frac{20+0}{2}=10$（米/秒）。

所以，从刹车到停车的时间为：行驶路程÷平均速度，即 $25\div10=2.5$（秒）。

（2）从刹车到停车平均每秒车速减少值为：（初速度－末速度）÷车速变化的时间，即 $\frac{20-0}{2.5}=8$（米/秒）。

（3）设刹车后汽车滑行到15米时用了 x 秒，由（2）可知，这时车速为（$20-8x$）米/秒，这段路程内的平均速度为：$\frac{20+(20-8x)}{2}$（米/秒），即（$20-4x$）米/秒，由：速度×时间=路程，得 $(20-4x)x=15$。整理得二元一次方程：$4x^2-20x+15=0$。解方程，得 $x=\frac{5\pm\sqrt{10}}{2}$。

刹车后汽车行驶到15米时约用了 $x=\frac{5-\sqrt{10}}{2}\approx0.9$（秒）（另一个不符合题意的舍去）。

一字之差多出百万欠款

随着“呜哇呜哇”的警笛声响过，一名浑身是血的男子被救护车送往了医院，而另一名手持染血的尖刀的男子被警车直接带去了公安局，空留地上一摊血迹。

行凶的男子名叫苏君，在接受审讯的时候，说被他刺杀的男子，也就是张朝，是个骗子，诈骗了他赌石好不容易开出的帝王绿翡翠。说完，他还从身上掏出一张借条，上面写着：

今苏君借张朝 250 万元，复利按年利率 19% 计算，借款 5 年，于 2017 年 10 月 1 日归还本息。如不能按时归还，每日将支付张朝本息的 1% 作为延期费用。

借款人：苏君

2012 年 10 月 1 日

苏君说，他根本不知道利息是按照复利来计算的，所以在还钱的时候他们产生了分歧。于是，他就去法院把张朝告了。但是因为他无法提供证据，而且借条上的签名及手印又确实是他自己的，法院判他败诉。

这笔借款，如果按复利来计算的话，利息整整多出了一百多万元，他只好卖掉了他手上的帝王绿翡翠。他最近才知道，买他翡翠的人是张朝派来的。他越想越觉得这是张朝给他设下的圈套，目的就是为了他手中的帝王绿翡翠。他越想越气，于是就拿刀将张朝刺伤了。

医院里，张朝由于没有伤及要害，第二天也接受了警察的问讯。对于苏君说的哄骗，他坚决否认。他说白纸黑字的约定，苏君自己心甘情愿地签下了名字，怎么能算哄骗呢。而且对这件事，法院早已做了判决。

双方各执一词，到底是怎么回事呢？警察继续深入调查。

原来，张朝是赌石师。赌石就是自己购买翡翠原石进行切割，是切割出能让人一夜暴富的帝王绿翡翠，还是能让人倾家荡产的灰沙头，凭的完全是运气。

而苏君自从 8 年前开出一块价值 500 万元的帝王绿翡翠后，便尝到了甜头，一有钱就全部拿来买原石。但是他的帝王绿翡翠却怎么也不舍得卖。

但是在 2010 年，因为赌石，苏君把房子车子全都卖了，当然，除了那块他视为命根子的帝王绿翡翠。没钱买原石，苏君便萌生出借钱的念头。银行贷不了款，他就打听民间借贷，当然，这都是“高利贷”。很多借贷人开出的年利率都是 20%，只有张朝的年利率是 19%。

苏君自己在心中算了算，假如他借 250 万元，5 年后还清，20% 年利率的话，5 年的利息为：

$250\times20\%\times5=250$（万元）

如果是 19% 年利率的话，5 年的利息为：

$250\times19\%\times5=237.5$（万元）

足足少了 12.5 万元呢，于是，苏君找到张朝，签下了上面那张借条，拿到了 250 万元。

5 年来，苏君没有开出品质特别好的翡翠，而他将那些开出的普通翡翠卖出后，刚好凑够 500 万。他准备还给张朝，这样估摸着还有 10 多万元的剩余。

当苏君拿着钱来找张朝时，张朝的话却让他惊掉了下巴。张朝说：“根据欠条，你应该还我 596.59 万元。”

怎么可能？借款 250 万元，年利率 19%，5 年还本息，明明只有：

$250+250\times19\%\times5=487.5$（万元）

苏君当即将算式写出来跟张朝据理力争。张朝却冷哼一声，指着借条上的“复利”两个字说：“你看清楚了，是‘复利’，不是‘利息’。”说完，他也列出了算式：

$250\times(1+19\%)^5=250\times1.19^5=596.59$（万元）

一字之差，整整多出了：

596.59－487.5=109.09（万元）

本来刚好能够还清借款，现在又多出了100多万元欠款。苏君当然不服，就一纸诉状将张朝告上了法庭。法院仔细检查了借条，认为张朝不存在欺瞒诈骗的事实，就判苏君败诉，责令他尽快还清张朝的欠款。

苏君多年前就将房子、车子都卖了，拿来买原石，这时除了手头上的500万元，是一分钱也凑不出来了。张朝就提醒他："你不是还有帝王绿翡翠吗？快卖了吧，否则每天5万多元的延期费你可赔不起。"苏君只好将他珍藏多年的帝王绿翡翠拿了出来。由于他急用钱，本来价值500万元的帝王绿翡翠只卖了400万元。

还清张朝的钱后，还剩下300多万元，他又马不停蹄地跑去缅甸赌石，希望再开出一块帝王绿翡翠。可惜两年来他将300多万全部花光了，再也没有开出过上等的翡翠。

后来有一次，苏君在跟人喝酒时，听说当初买了他帝王绿翡翠的人，正是张朝。他一时火起，就发生了开头行凶的一幕。

【知识链接】话说复利

复利，是一种计算利息的方法。按照这种方法，利息除了会根据本金计算外，新得到的利息同样可以生息，因此俗称"利滚利""驴打滚"或"利叠利"。

复利计算的特点是：把上期末的本利和作为下一期的本金，在计算时每一期本金的数额是不同的。

为了说明复利的应用，不妨借助一个例题来说明这个问题。

假设乙方向甲方借100元，双方商定，一年要附加利息5%，也就是说要偿还：100×（1+5%）=105（元）。如果一年后，乙方无力归还，那么两年后再偿还时，就要以105元为基数，再加上5%的利息，要偿还：105×（1+5%）=110.25（元）。即乙方在第二年付出的利息不是5元，而是5.25元。到第三年，又要以110.25元为基数，要偿还：110.25×（1+5%）≈115.76（元），这一年所付利息为5.51元，付出的利息更多了，依此类推。

其计算公式可以表示为如下的形式：若本金为 a 元，年利率为 $p\%$，则 n 年后应归还的款项为：$A=a(1+p\%)^n$。

复利公式在实际工作中有很大的用处。例如，计算国民经济计划递增率时，计算投资效益时，计算生物繁殖时，都要用到复利公式。

【破案趣题】搭建复利理财网获利

P2P（互联网金融点对点借贷平台）理财平台的出现，给人们的理财带来方便，但却出现泥沙俱下的情况。有不少骗子，就利用 P2P 开理财网骗钱。某公安局破获了这样一起案件：

A 某在 2015 年 7 月，花 12 万元钱搭建了“开心复利理财网”，形成了他的网络传销“王国”，而 A 某本人就是坐在传销金字塔最顶端的国王“king”。开心复利理财网要求加入者购买至少一份 1600 元的“理财产品”，而这所谓的“理财产品”就是 1600 个电子币，加入者用换取到的这 1600 个电子币激活自己的账户，就成为这个网站的会员。此后，会员账户内每天都会得到 20 个电子币作为收益，但要想把电子币变现获利则必须拉新人加入，然后把电子币转卖给新人，让新人加入网站变成会员。另外还规定，发展新会员越多，获得相应的提成、管理奖励也越高。A 某还设计对会员返利的“主账户”可提现、“子账户”资金只能复投继续等待分红等规则。

在警察审讯时，A 某交代：在 3 个月内他进账 740 800 元。

假如每个人都买“开心复利理财网”1600 元的理财产品，每个月都比上一个月增长一个相同的百分数，这样三个月进账的总量达到 740 800 元，求这个百分数。

你知道这个百分数是多少吗？

解：设这个百分数为x，则$1600+1600\times(1+x)+1600\times(1+x)^2=740\,800$，化简得$1+(1+x)+(1+x)^2=463$，即$x^2+3x-460=0$。

分解因式得$(x+23)(x-20)=0$,

则$x_1=-23$（不合题意，舍去），$x_2=20=2000\%$。

答：这个百分数为2000%。

第5章

几何“算计”

——图形中的破案证据

“中奖”纠纷

王老汉已经60岁了，他在家里开了一个食品店，经营各种各样的食品。因他的经营理念是薄利多销、童叟无欺，价格相对比较低，所以顾客比较多，营利也很可观，因而老两口的日子过得有滋有味。

这天，王老汉卖出了几条香烟、几箱啤酒，还有不少点心，盈利不少，他心里乐滋滋的。晚上，他老婆给炒了4个好菜，他有滋有味地喝起酒来。这时，村里出名的混混孙成林领着他10岁的儿子，进门便说：“王老头，我家儿子茂茂今天买了你家的瓜子中奖了，中的是一等奖，奖金2000元，你给钱吧！”

王老汉的食品店里卖一种瓜子，进行有奖销售，以吸引消费者。每袋瓜子里都有一个卡片，卡片正面有7个由五角星和圆圈组成的图形。6颗五角星加上1个圆圈组成的卡片代表一等奖；5颗五角星加上2个圆圈组成的卡片代表二等奖；4颗五角星加上3个圆圈组成的卡片代表三等奖；3颗五角星加上4个圆圈组成的卡片代表四等奖；2颗五角星加上5个圆圈组成的卡片代表五等奖；1颗五角星加上6个圆圈组成的卡片代表六等奖；都是五角星或者都是圆圈的卡片没有奖。最高奖一等奖是2000元人民币，六等奖是一袋瓜子。

这天下午孙成林的儿子茂茂到食品店买了4袋瓜子，竟中奖了！不过，中奖也没有什么稀奇，因为自从实行有奖销售以来，中奖人数不少，经常有人前来兑奖，但中奖的大都是五等或六等奖，还没有人中过三等奖以上呢。王老汉说：“拿过来我看一下。”王老汉一手接过卡片，一手拿起老花镜看起来，“不对呀！你这卡片的图案怎么擦掉了呢？”

“那是我儿子不懂事用刀片把最后的一个圆圈给刮下去了。但没有关系，你完全可以看出那个圆圈的痕迹。”孙成林解释道。

“这不行，卡片有明确的规定，‘如有擦刮涂改者，此卡作废！’对不起，你这期卡片不能兑奖！再说，一等奖是大奖，我这里也没有资格发，要到厂家去兑换。”

“王老头，你怎么能这样呢？只是孩子不懂事将图案刮了一下。”孙成林说，“这明明是6颗五角星和1个圆圈嘛，你怎么说不能兑就不给兑了呢？要不我要告你欺诈！”就这样，你一言，我一语，两人便争论了起来。吵闹声惊动了街坊邻居，有的来看热闹，有的觉得争论下去也不会有结果，就把他们给劝开了。

这一争论到了晚上9点多钟，王老汉原本很好的心情消失殆尽，都是“中奖”惹的祸！

然而，孙成林并没有放弃，第二天一大早，他乘车到厂部去兑奖。瓜子工厂的接待方接过卡片一看，上面有明显的刮痕，便说因为不符合厂家的规定，背面出现刮痕，不能兑奖，同王老汉说的一模一样。结果，孙成林不服，和厂方的接待人员又大吵了一场。

第二天，孙成林又到该市法院把王老汉和生产瓜子的厂家给告了，说他们是搞虚假宣传。要求被告支付奖金、交通费、误工费、精神损失费及诉讼费等各项费用总计6000元。

说来也巧，当时适逢“3·15”国际消费者权益日前夕。法院认为此案比较典型，正是打击虚假宣传、蒙骗消费者的商家的典型案例，如果真的像孙成林所说，则会对黑心的厂家起到震慑作用，对社会起到很好的教育作用，为此法院决定此案将在3月15日开庭。同时，此案相关领导也十分重视，立即指示有关新闻部门，报纸、电视台等新闻媒体，准备在3月15日开庭时做好现场报道工作。

法院认为，那个兑奖的卡片的真伪十分关键，这需要科学的鉴定，不能有半点差错，否则，对广大观众无法交代。

为了鉴定这个问题，法院委托庞警官进行鉴定。

庞警官在物品检验方面有独到之处，在当地十分出名，有关检验的案件都请他来检验。

庞警官知道这一问题的重要性，他仔细检查并进行检验，发现送检卡片是一张6.4厘米×4.0厘米大小的矩形硬质纸片，其正面印有一红色矩形线框，

里面有6颗红色的五角星，第6颗星的后面区域有部分红色的痕迹。为了看得更加清楚，庞警官把卡片放到显微镜下侧光观察，发现第6颗星后的区域纸张表面有的施胶层被破坏，有明显的纸张纤维翘起，为擦刮特征。同时，他将该卡片分别与中心红色矩形线框内有6颗五角星和1个圆圈以及另一张有7颗星的卡片进行比对，发现送检卡片中第6颗星后的红色痕迹，其位置、形态、宽度均与7颗星兑奖卡片中最后一个五角星相符，而与6颗星兑奖卡片中圆形图形的差别较大。

就此，庞警官得出结论：送检的兑奖卡片中心框内第6颗红色五角星后的刮涂区域是1颗五角星而非1个圆圈。这就是说，兑奖卡片不是厂家的虚假宣传，不是厂家欺骗消费者，而是孙成林故意骗取商家奖品。

这一起不应该报道的新闻，就这样悄无声息地落下了帷幕。

【知识链接】由图形题觅规律

图形题有一定的规律，解答此类题目的方法是从前面的几个图形中发现规律，加以概括、依此类推。因每一道题不同，所以规律不同。经常练习就会熟能生巧。

现结合相关的例题来说明这个问题。

例：

（1）表1是由矩形与正方形从左到右逐个交替连接而成的。请观察图形并填表2中的空格（n为整数）。

表1：1

2　1　2　1　2　1

表2：

矩形与正方形的个数	1	2	3	4	5	6	…	$2n-1$	$2n$
图形周长	6	8	12	14	18		…		

（2）对于周长为20厘米的矩形，通过填写下表（表3），研究它的长度与宽度的变化对面积的影响，观察数据你会得出什么结论呀？

表3：

矩形的长（cm）	…	8	7	6	5	4	3	…
矩形的宽（cm）	…							…
矩形的面积（cm^2）	…							…

解答：

分析：（1）仔细观察表格中的数字，可以得出下面的规律：当图形个数为6时，图形的周长为20厘米；当图形个数为$2n-1$时，图形的周长为$6n$厘米；当图形个数为$2n$时，图形的周长为$6n+2$厘米。

这类习题是一种探索性题，也是近几年来中考的热点类型之一。这类题型立意精巧、条件清晰，较好地考查了学生的分析、归纳、综合和探究能力。

答案：

（1）20，$6n$，$6n+2$。

（2）第一空行依次是：2，3，4，5，6，7；第二空行依次是：16，21，24，25，24，21。

结论：周长一定时，长与宽越接近，矩形的面积越大；当长与宽相等时，矩形的面积最大。

【破案趣题】数字告密

“真是一个糟糕透了的夜晚！”阿克拉探长放下手中的电话，愤愤地说。深夜，他办案刚回来，又接到了电话，在W市海滨的一家旅馆里发生一起命案。

一刻钟后，阿克拉来到案发现场。他对房间进行了拍照，同时发现死者阿倍芮小姐躺在卧室的窗户旁，周围没有发现血迹，再仔细检查死者，是被人用绳子勒死的 。

卧室的化妆台上，一片狼藉，化妆凳子也倒在一旁。看来阿倍芮小姐是在

化妆时遭到袭击的，当时，她曾打开窗子呼救，但还是被冲上来的凶手杀害了。

阿克拉在现场寻找破案的线索，忽然发现在窗户边的地上有一支口红，他急忙捡起来查看，口红的尖部已经磨平，应该是用很大的力量在什么东西上磨的。这就奇怪了，口红是涂到嘴唇上的，用力很小就行，怎么会磨成这个样子呢？

阿克拉拉开窗帘，发现被窗帘遮住的窗台下方的墙壁上，赫然出现 4 个通红的数字，这红字无疑是死者用口红写的。在临死之前写下的东西应该是一种暗示，否则，根本没有意义 。

这 4 个数字是“6801”。凶手因杀人后仓皇逃命，没有发现这几个数字 。

“不过，这 4 个数字表示什么意思呢？”阿克拉紧皱眉头思考着，“这 4 个数字一定和凶手有联系，人在死亡之前要写的东西一定是要告诉人们自己死亡的秘密，或者与死亡有一定的关系。”想到这里，阿克拉眼前豁然一亮，便对经理说：“昨天晚上住在 6801 房间里的是什么人？”

经理急忙查看昨天晚上住宿的登记簿，然后对阿克拉说：“对不起探长，这个房间的卫生间坏了，还在维修中，近一个星期没有住人了。”

“哦——对了，你查一下 1089 房间里住的是什么人？”阿克拉十分兴奋地说。

“1089 房间就在隔壁。”经理对这个房间还是熟悉的，马上带领探长去查看 。随手推开了房门，只见房客克朗西正在收拾行李准备离开这里。

“我是警察！是你杀害阿倍芮小姐的！”阿克拉大声宣布，并逮捕了他。

在审讯室里，克朗西不得不交代自己的犯罪事实。

这就奇怪了，阿克拉探长是怎么知道凶手是住在 1089 号房间的呢？

阿倍芮小姐在受到攻击时认出了凶手就是隔壁房间的克朗西，当时她背朝向窗户，绝望时顺手用手上的口红写下了凶手的房间号——1089 四个数字，目的是为了给破案留下一些线索。但是，在这种情况下，写下的数字从正面看正好是上下颠倒的，结果就变成了 6801。这是阿倍芮小姐想不到的，也一开始给阿克拉探长造成判断上的失误。但是 6801 房间旅客被排除之后，阿克拉探长马上想到了这一点，因而快速地逮捕了真凶。

“鬼屋”的开门方法

加州钻石中心的506颗精工钻石在运输途中被五人抢劫。这个消息如同插了翅膀，瞬间传遍全国，并引起了极大轰动。上至国会议员，下至平民百姓，都在谈论这件事。所有的电视媒体、网络媒体、纸质媒体一律义正词严地责令加州警署尽快破案。

其实不用他们责令，负责此案的鲁斯警官也希望现在马上破案。他带领着下属一遍又一遍地搜索抢劫现场，一遍又一遍地询问运送钻石的四个工作人员，但三天了依旧毫无所获。实在无计可施了，鲁斯警官只好求助于号称“神探”的摩根探长。

摩根探长很痛快地答应了他的请求，来到加州警署后，他首先查看了案件的所有卷宗，了解案件的具体经过。

案件是这样的：

10月15日上午，加州钻石中心四个工作人员——经理莫斯，保安主管斯宾塞和保安艾伦、罗西，秘密地开车从公司出发，运送506颗精工钻石分配给多家珠宝店。为了低调、保密，他们特地选用了一辆毫不起眼的白色面包车，路程也是弯弯绕绕，防止被人跟踪。但经过一条小巷的时候，汽车爆胎，艾伦下车换轮胎的时候，五个持枪的蒙面人窜到车上，打晕了剩下三人，抢走了所有钻石。经过调查，五个劫匪事先埋伏在抢劫地点，并在小巷子的路上设置了钢刺。当运送车辆经过时才会爆胎，劫匪才趁机实施抢劫。

看完经过，摩根探长有一个疑惑：既然运送路线弯弯绕绕，劫匪怎么知道会经过哪条小巷，并设置了陷阱？

答案就是——有内奸。摩根探长立即将这一判断告知了鲁斯警官，鲁斯警官立即着手调查知道运输路线的所有人。经调查，知道路线的人只有三个，除了经理莫斯和保安主管斯宾塞之外，就是钻石中心的最高领导加西亚。

经过几轮审讯，保安主管斯宾塞终于挺不住，交代了向劫匪报信的全

部事实。

原来，一个星期前，劫匪找到他的家，给了他一笔钱，让他提供巨额珠宝运送的详细信息，否则就要他的命。

当自己的性命和金钱放在天平的同一端，天平另一端的道德与公司利益就变得无足轻重了。于是，他很快妥协了，并在钻石运送的前一天，向劫匪通风报信。

交代完一切，斯宾塞哭得一把鼻涕一把泪，还说："我是被他们逼迫的呀。"

"你完全可以在答应他们之后向公司或者警方求助，而你没有！"摩根探长严厉地说，"你选择了做一个从犯。"

一听"从犯"二字，斯宾塞一下瘫倒在地上。

根据斯宾塞的描述，警察绘制了嫌犯的肖像，在全国范围内通缉。但时间一天天过去了，没有任何人举报见过此人。

案件又陷入了僵局。当鲁斯警官的耐心即将被消磨殆尽的时候，摩根探长给他带来一个消息——报纸上的一则新闻。这则新闻刊登在加州最大的报纸上，占了小小的一角，大体内容是：在一个偏远的小镇里，最近有人在荒山脚下捡到两颗精致的钻石。所有村民得知这一消息后，都蜂拥到荒山去搜寻钻石。当地一直有个传言，说在这个荒山上，有一座鬼屋。村民们都说，这是魔鬼撒下的钻石。

这个消息让鲁斯警官摸不着头脑，他问摩根："虽然这个消息跟钻石有关，但是跟案件有什么关系呢？"

摩根探长却肯定地说："有关系。"

在摩根探长的坚持下，他们驱车赶到了这个小镇。鲁斯警官开始询问见到钻石的村民，经过鉴定，钻石果真是抢劫案中丢失的钻石。

摩根开始在村民中调查。

"荒山上是否真的有'鬼屋'？"摩根探长询问村民。

"有，我一个月前还见过。里面有恐怖的吼叫声，吓得我赶紧跑了。"一个50多岁的男人回答道。

"那麻烦你领我们去吧。"摩根拜托道。

“好的，不过你们要保护好我。”男人要求道。

“一定！”摩根回答道。

很快，在男人的带领下，摩根探长和警察们找到了传说中的“鬼屋”。

这里树木茂密、怪石嶙峋，如果不仔细看，根本看不到山洞。山洞的构造也很特殊，朝外是一扇石门，石门上有一串符号：

☆△■○☆△■○☆（ ）（ ）

括号内是两个大大的凹槽，石墙一边挂着 ☆、△、■、○四个形状的铁质零件。

“这是什么意思呀？”鲁斯警官好奇地问，他过去推了推门，石门纹丝不动。

“看来这四个铁件是钥匙，我们要挑出两把对的钥匙，放到凹槽里，石门就会打开。”摩根探长分析道。

“真莫名其妙，不知哪两把是对的，要不我们挨个试一下吧？”鲁斯警官建议道。

“如果真这么简单，那么这个开门密码不就形同虚设了吗？我觉得开门机会肯定有限！”摩根探长反驳道。

“不错，那探长你赶紧开动大脑，找出两把正确的钥匙吧！”鲁斯警官直接把难题抛给了探长。

摩根探长边思考边说：“分析这类题目时，要认真观察图形，前后进行比较。找出图形之间的规律，那么所有的问题就会迎刃而解。”他发现第一个是☆，第五个也是☆；第二个是△，第六个也是△；第三个是■，第七个也是■；第四个是○，第八个也是○；如果把第一至第四个图形看成是一组，那么第二组也是按☆△■○的顺序排列的，第三组也是如此，所以☆后面肯定是“△”和“■”了。

于是，摩根探长拿起△和■两个钥匙，放进了括号内的凹槽内，石门应声而开。鲁斯警官不由得竖起大拇指来。

摩根探长和鲁斯警官立即冲了进去，果真在“鬼屋”的最里面发现了五个劫匪和剩下的504颗钻石。

【知识链接】平面图形中的规律

图形变化是经常出现的题目，做这种数学规律的题目，都会涉及一个或者几个变化的量。所谓找规律，多数情况下，是指变量的变化规律。所以，抓住了变量，就等于抓住了解决问题的关键。

例1："观察下列球的排列规律(其中●是实心球，○是空心球):

●○○●●○○○○○○●○○●●○○○○○○●○○●●○○○○○○●……

从第1个球起到第2004个球止，共有实心球多少个？"

分析：这些球，从左到右，按照固定的顺序排列，每隔10个球循环一次，循环节是●○○●●○○○○○，每个循环节里有3个实心球。我们只要知道2004包含有多少个循环节，就容易计算出实心球的个数。因为2004÷10=200（余4）。所以，2004个球里有200个循环节，还余4个球。200个循环节里有200×3=600个实心球，剩下的4个球里有2个实心球。所以，一共有602个实心球。

例2：平面内的一条直线可以将平面分成两个部分，两条直线最多可以将平面分成四个部分，三条直线最多可以将平面分成七个部分……

根据以上这些直线划分平面最多的具体情况总结规律，探究十条直线最多可以将平面分成多少个部分。

分析：

1条直线将平面分成2个部分；

2条直线最多可以将平面分成4（=2+2）个部分；

3条直线最多可以将平面分成7（=4+3）个部分；

4条直线最多可以将平面分成11（=7+4）个部分。

可以从中发现每增加1条直线，分平面的部分数就增加，其规律是若原有（n−1）条直线，现增加1条直线，最多将平面分成的平面数就增加n，平面上的10条直线最多将平面分成：2+2+3+4+5+6+7+8+9+10=56个部分。一般的平面上的n条直线最多可将平面分成（2+2+3+4+…+n）个部分。

【破案趣题】巧移棋子

“吧嗒，吧嗒。”下雨了吗？

不是。

“吧嗒，吧嗒。”是掉眼泪了吗？

也不是。

这是什么声音？

唉，是阿力的汗水落到纸上的声音。这是怎么回事，阿力竟会出这么多的汗水？

阿力在苦读呀！阿力是刚上任不久的警员，他为了尽快提高自己的办案水平，业余时间都在进行文化补习。

“阿力，天也不热，你怎么热成这样呀？”爱德拉探长刚进门，看到阿力的头直冒汗就奇怪地问。

“探长，你回来了。”阿力见探长回来就马上同探长打招呼，并急忙给探长倒了一杯水。“我在做题提高业务能力呀。一道题竟把我给难住了，我一做不出题来就会冒汗的。”爱德拉探长接过水杯，问：“一道什么样的题？”

“是这样。”阿力说着，拿出3个白棋子和3个黑棋子，摆成如下图所示的一行：

●●●○○○

“要求是移动棋子3次，使这行棋子成为黑白相间的一行，并且任何相邻的两个棋子间的间隔与原来相等。但移动棋子时必须把相邻的棋子成对地移动，而且所移动的两个相邻棋子的前后次序不可改变。”

“哦，是这么回事呀！”爱德拉探长笑嘻嘻地说，“这有什么难的，你看我的。”说完，他略一思考，移动了三次，便将棋子移成了黑白相间的一行，“我达到了你的要求了吧。”

“对呀！探长，姜还是老的辣。”

哈哈，你知道爱德拉探长是怎么摆的吗？

移法如下：

原图：●●●○○○

步骤一：●○○○●●

步骤二：●○○　　●○●

步骤三：○●○●○●

巧算逃生

最近 A 市的抢劫犯罪分子比较猖狂，在偏僻的地方，不时有妇女、老人被抢劫。涉案金额有几十元的、几百元的、几千元的，也有几万元的。公安局接到报警后，前去调查，也没有发现什么蛛丝马迹。报案人说一般是 2 到 3 人作案。

为了狠狠打击抢劫犯罪团伙，A市公安局特意请来侦破高手赵一刚刑警队长和助手杨希法前去侦破刚发生的一宗抢劫案。他们风尘仆仆地赶到被抢劫现场进行调查，当他们来到一个小胡同，在拐弯的时候，突然，迎面喷来一股有毒的气体，他们刚想躲避，但为时已晚，两人已经失去了知觉。

一阵寒风吹来，赵一刚慢慢醒来，他觉得浑身无力。待到头脑清醒后，他慢慢从地上爬起来，活动了一下四肢，发现身上没受到什么伤。他这才观察起周围的环境，原来他身处一个还没完工的房间里，而他的助手杨希法正躺在不远处，也慢慢清醒过来了。幸好，两人都没有受伤。

杨希法来到窗口一看，说道：“哇！我们原来是在一座没有建完的塔上。”

“是啊，这是怎么回事呀？”赵一刚怎么也弄不明白，对晕倒后发生的事情完全没有记忆。他仔细地察看四周。

杨希法往下面一看：“我的妈呀！塔竟这么高，我看着都有点发晕。”

“这么一个高塔，我们是怎么上来的呢？”赵一刚回忆着，“哦，我想起来了，我们在一个胡同拐弯的时候遇到了麻醉气体，当我们昏迷时，不法之徒把我们运到了高塔上。这些歹徒好猖狂！等我们下去看怎么收拾他们。”

“是啊，队长，现在的问题不是和歹徒计较这些，我们当前的任务是想办法下去。”

这个塔很高，但没有通往下面的楼梯，只有一个通往上面的梯子。而如果从窗户跳下去，必定是粉身碎骨。

“这可怎么办呀？”杨希法脸带难色，“没法下去，要把我们饿死呀？这

帮歹徒用心险恶。”

“先不必灰心丧气，天无绝人之路。我们能上来，肯定能下去。”赵一刚自信地说，“我们顺着梯子爬上去看一看，说不定上面有出路呢。”

赵一刚和杨希法从梯子爬了上去，到了最高层。往下一看，下面的景物很小，这塔高得让他们眼前直发晕。这样的高度是根本无法跳下去的。

“队长，你说应该怎么办呢？”杨希法一脸的绝望。

“振作起来，办法会有的。”赵一刚说完，心里也不免发虚。能有什么办法呢？自己只是安慰一下害怕的杨希法而已。想不到他一生破案无数，抓获很多犯罪分子，竟然在阴沟里翻了船。而这次罪犯不直接杀死自己，却让自己在这空无人烟的高塔上活活饿死、急死，简直猖狂至极。不！一定要想办法下去，去跟这帮罪犯较量，最终将他们绳之以法，还世界一个和平与和谐。

忽然，杨希法喊了一声：“队长，那里有一根建筑工人遗留在工地上的绳子！”他激动得脸都红了起来。

赵一刚顺着杨希法手指的方向一看，绳子套在一个生锈的轮子上，而滑轮是装在比窗户略高的地方。绳子的两端各有一个筐。不用说，那是建筑工人吊砖时用的简单机械。

“哈哈！真是天无绝人之路。”杨希法说完，竟“哈哈”大笑起来。

“你先别高兴得太早。”赵一刚提醒道，“看那筐是不是能装上我们，还有绳子是不是能到地面。”。

赵一刚过去一看，只见筐里有一块纸板。出于好奇，他拿起来一看：“咦，怎么上面还有文字？”

“有什么文字呀？”杨希法急忙问。

他们马上看起来，只见上面写着：

祝贺你们终于发现了下去的线索，但也不要高兴得太早。下去是有条件的，绳子的承重只有100千克。如果你们有解决问题的办法，就可以顺利地下去。祝你们好运！

“我的数学是体育老师教的，完全靠你了，队长！”杨希法这会倒是有心情开玩笑了。

赵一刚顾不得这些，他看了看滑轮、绳子。随后，他又动手试了试。说：“我有办法啦！”

“什么办法呀？”

“你看，这是一个定滑轮。”赵一刚说，“你的体重是60千克，我的体重是65千克，这就是说我们不能同时下，因为我们两人的体重之和是60+65=125（千克），如果我们一边一个，则绳子不能承受这么大的重量。如果我们共同站在一端，不但会超重，筐也装不下我们。”

“你说怎么办好呢？”杨希法着急起来。

“我看，我先往一边的筐放上大约35千克的砖头，你坐在另一边。”赵一刚说着，就动手搬起砖来，“好了，你坐在筐里先下去。”他动手把住滑轮。

“我下去后，再怎么办呢？”杨希法还没有弄明白。

“你下去之后，往你坐的筐搬上砖，重量大约是30千克。这样，我把这头的筐搬空，我坐着下去就是了。”

“哦，原来如此。”杨希法这会儿真明白了。

杨希法坐上后，吓得脸都变白了。

“使劲抓住！”赵一刚提醒他，“不会有问题的，放心吧！”

不一会儿，杨希法就落到了地面。他按照赵一刚的嘱咐，一手拉住筐，一手急忙往筐里搬砖头。那一头赵一刚也在往外搬砖头。等两人都搬好砖头，赵一刚就坐进了空筐里，不一会儿就下来了。

“我们终于下来了！”赵一刚和杨希法高兴得欢呼起来。

当他们停止欢呼后，太阳已经快下山了。原来，他们在高高的塔上待了一下午。赵一刚和杨希法下到地面不到10分钟，公安局的警察就找到了他们，因为他们在胡同被有毒的气体麻醉后，就失去了知觉，手机等通信工具都被罪犯拿走，然后把他们运到还没有完工的塔上，想把他们困住。公安局联系不上他们，警队便开着警车在四处寻找，终于在高塔的附近找到了他们。

后来，赵一刚和杨希法扮演两个有钱人在小胡同行走，结果遭到抢劫，被埋伏在周围的警察逮个正着，终于将这个3人组成的犯罪团伙来个一网打尽，消除了当地的一害。

【知识链接】圆周长的计算

为了说明这个问题，我们不妨举个例子：两个一元硬币 O_1、O_2，设其半径都是 r。现使 O_1 保持不动，O_2 从起点 A 点开始紧贴 O_1 转动一周后回到起点 A，问 O_2 圆心走的距离是多少？

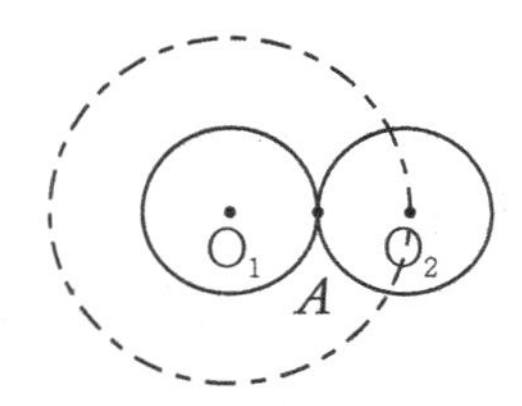

分析与解答：

圆周长的计算公式为 $C=2\pi r$，根据题意可知，O_2 圆心走的距离即为以 O_1O_2 为半径的圆的周长，又知 O_1、O_2 的半径都为 r，所以 $O_1O_2=2r$，那么 O_2 圆心所走的距离为 $C=2\pi \cdot 2r=4\pi r$。

【破案趣题】在火灾中脱险

一天，哈斯探长接到报案：一家旅馆发生火灾，里面住着一个与他正在侦查的案件有着重大关系的中年妇女，还有她的小孩以及一只宠物狗。一旦该妇女因火灾身亡，案件侦破就会遇到巨大障碍，怎么办？

赶到火灾现场救人要紧！

当哈斯探长赶到现场的时候，那位妇女和她的孩子还没有逃出来，于是，他冒着生命危险闯进室内，设法让他们离开火灾现场。

哈斯到室内一看，非常危险，火势很快就会燃烧到里面，必须马上逃离！

哈斯探长到窗边一看，发现在窗外有一架火灾逃命器，上面有文字提醒：

本火灾逃命器共有两只篮子，通过中间的滑轮，把一个篮子放下去的时候，另一个篮子就会升上来。如果一边重，一边轻，就可以把重物往下送。假如一只篮子空着，那么另一只篮子所装的物体不能超过14千克，才能保证下降过程是安全的。假如两只篮子都装上重物，那么它们的重量之差不能超过14千克。

哈斯探长的体重是95千克，那位妇女体重为41千克，她的小孩是14千克，她的宠物狗重27千克。

两只篮子都很大，都足以装进3个人和一只狗，但别的与逃生无关的东西都不能放到篮子里，不论升、降，只能利用与逃命直接有关的男人（探长）、妇女、小孩和狗。狗和小孩如果没有探长或妇女的帮助，则不会爬进或爬出篮子。

请问探长用什么办法可以尽快地将人和狗安全地脱离险境？

答案：

假设这两只篮子分别为A、B。

1.把小孩放入A，B空，则A降，B升；

2.把狗放入B，则A升，B降；

3.小孩出，妇女进A，则A降，B升；

4.狗出，小孩放入B，妇女落地，则B降，A升；

5.狗入A，则A降，B升；

6.狗落地，则B降，A升；

7.妇女、狗、小孩都进入B，探长进入A，则A降，B升；

8.妇女和狗出，探长落地，则B降，A升；

9.狗入A，则A降，B升；

10.狗落地，则B降，A升；

11.小孩落地，狗入B，妇女入A，则A降，B升；

12.妇女落地，小孩入A，则B降，A升；

13.狗从B落地，则A降，B升；

14.小孩出，大功告成。

聪明反被聪明误

A市公安局获悉，最近本市有一个走私团伙，打算将收集到的一些非法盗挖的古董运出本市，在海上交货。这是一起重大的走私犯罪活动，一旦走私团伙将古董出手，将对我国考古研究造成巨大的损失。为此，公安局刑警队的黄明鑫队长亲自挂帅，全力侦破此案。

然而，公安局只是知道这个信息，但具体交货地点以及其他联络线索一点都没有。为了以防万一，公安人员只好在可能交易的海上区域进行监视。

一个月黑风高的晚上，一艘小船正悄悄从下水道滑过。原来，从城里到城外有一条圆柱形的下水道，直通到城外，城外连着大海，只是大海的海边礁石密布，所以很少有船只在这里活动。

这时，一个走私犯问："我们这艘小船可以通过这个下水道吗？"

"放心吧，"走私头儿"酒糟鼻子"（因鼻子又红又大而得名）说，"我已经事前测量过，下水道的最大水深为2米，圆形水道横截面积直径为6.5米，只要我们的小船宽度不大于水面的宽度就行。""酒糟鼻子"数学水平不赖，他早在一个本子上算好了这一切：

解：

设直线 AB 的中心点为 D，水下 AB 弧线中心点为 C，则 $CD=2$ 米（如图1所示）。

$OD=OC-CD=6.5/2-2=1.25$ 米。

连接 OA，则 $OA=6.5/2=3.25$ 米。

Rt△OAD 中，

$AD=\sqrt{OA^2-OD^2}$

$=\sqrt{3.25^2-1.25^2}$

$=3$（米）

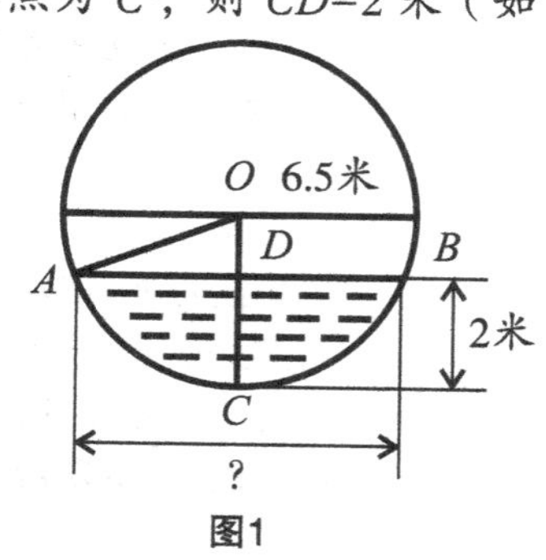

图1

所以，$AB=2AD=6$ 米，也就是水面宽为 6 米。

通过计算知道水面宽是 6 米，而小船的宽度是 4 米，远远小于 6 米，所以，小船是可以通过下水道划到城外的。

原来，这条小船正是公安局要抓的走私船。走私犯非常狡猾，他们通过调查发现，警察监控了周围的海面，要想通过正面的海面进行交货，可能性很小，在不能错过交货时间的前提下，他们费尽脑汁，寻找其他可行的水上行走路线。“酒糟鼻子”手下的人通过调查发现，全城只有这里一处下水道比较大，乘船可以通过。当小喽啰把这个消息告诉“酒糟鼻子”时，他紧锁的眉头舒展开了，笑着说：“这叫天无绝人之路！”

再回到眼前，“酒糟鼻子”对手下说：“加快马力，快速前进！”几个走私犯加快了速度。这个下水道，水臭烘烘的。小船划过，臭味熏天。但想到古董交货后，就会换回大量的人民币，就会过上神仙似的日子，这苦、这累、这臭也就忍了。

这下水道有几个拐弯处，小船几乎被卡住，几个走私犯下船合力推、拉、拽好不容易才把船推过拐角，船才畅通无阻地前进了。

小船慢慢地开出了下水道，终于驶入了海面。

来到海上，望着辽阔的大海，几个走私犯高兴起来，似乎钱财正在向他们走来，他们即将过上富裕的生活，再不用为了几个钱而舍命奔波，高兴得眼角几乎都流下眼泪。

“大家看远处的一艘船，是不是在向这边驶来？”一个眼尖的走私犯说。

“啊，我看是。”其他人听后，马上对着远方的船只看起来，兴高采烈。

“快！快点划船。”“酒糟鼻子”再次下令。

船在急速前进，走私犯的眼睛越来越亮。

但船不知不觉驶向了灯塔。“不好！我们怎么驶向了灯塔，这里的灯塔是指示附近有礁石，这里礁石密布，一旦进入礁石是很危险的。”船手发现问题马上向“酒糟鼻子”提出来。“不慌，停止前进！”“酒糟鼻子”十分果断地说。“他查看了一下海面地图，在纸上画下海岸上临近礁石的两个灯塔，分别

用 A、B 来表示（见图 2），使暗礁包围在以 AB 为弦的弓形 AMB 内，那么只要航船 S 能从所搜索到的信息中得知弓形角 α 的大小，在航行中保持两个灯塔的视角 $\angle ASB<\alpha$，航船就不会触礁。”

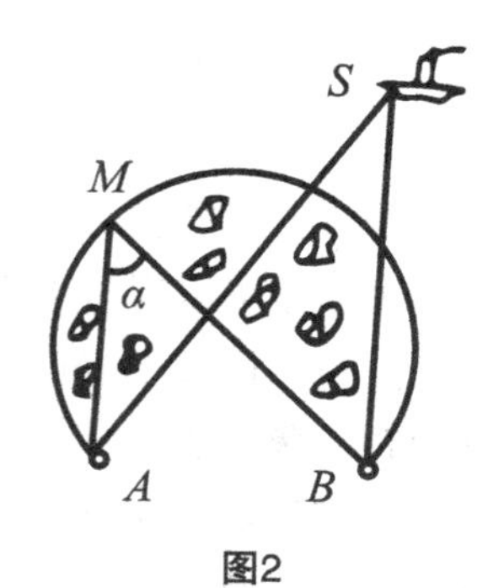

图2

“酒糟鼻子”刚说完，一个跟随他多年、也爱好数学的矮个子便兴致勃勃地说：“头儿，我想到了这建灯塔的依据：航船在弓形 AMB 外时，设 AS 与弓形的交叉点为 N（见图 3），同一弦上的圆周角相等，所以 $\angle ANB$ 等于弓形角 α。而且 $\angle ANB$ 是 $\angle BNS$ 的一个外角，三角形的外角等于不相邻的两个内角之和，即 $\alpha=\angle ANB=\angle ASB+\angle NBS$。由此可知，$\angle ASB<\alpha$；反之，当 $\angle ASB<\alpha$ 时，S 点一直处于弓形 AMB 之外。按照这个道理航船，当然就不会碰上礁石了。”

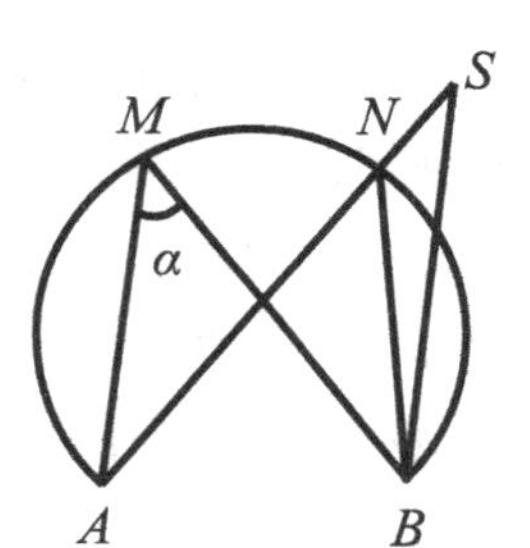

图3

“酒糟鼻子”听到这里，满意地点了点头，拍了拍他的肩膀，“干我们这一行，不仅要有胆量，也要有知识，上知天文，下知地理才行。”

小船掉头想向大海驶去，“酒糟鼻子”说：“慢行，一旦让警察发觉就坏事了，我们怎么能跑过军舰呢？停下，我们佯装钓鱼的，慢慢等待，在天黑时才能交货。”

走私犯在焦虑中等待着夜幕降临。

与此同时，公安局的侦破人员也是十分紧张，黄明鑫队长让各路侦察人员汇报情况，结果不容乐观，都说没有发现目标。海上一些来往的船只都经过了严格的检查，并没有发现异常。

黄明鑫队长在指挥部里坐不住了，怎么还没有发现目标呢？一旦错过最佳时机，走私犯把古董出手，造成的后果是很严重的。

无奈，黄明鑫队长只好召开电话会议，让各区域的负责人把可以查的地方或疑点区域重新查一遍，不能有任何疏忽。

这时，代号“1路”区域的警察来电话说：“报告队长，我们发现一个下水道出口比较宽，墙壁上有的地方湿润，很可能是小船划过溅起的水珠弄湿了墙。”

“追查下去，看有没有可疑船只！”黄明鑫队长下令。

半个小时后，代号“1路”区域的警察又来电话报告：“在下水道与入海口处，有一艘小船，看样子是在垂钓。但通过观察，这些人表面是在钓鱼，但东张西望，压根没有钓上过鱼来，有着重大的嫌疑，好像在等什么。”

黄明鑫队长听后，马上下令：“这就是我们要‘钓’的‘鱼’，注意放长线——钓大鱼。让队员隐蔽好，不要过早地暴露目标，好戏就要来了！”

“是，队长！”对方表态道。

时间在大家的焦虑等待中度过，天色逐渐暗淡下来了。走私船上的几个人，一边装着钓鱼，一边警惕地观察四周。“酒糟鼻子”眼尖，他第一个发现远处有一艘货船，并向他们这边驶来。他说：“大家注意，目标出现了！”

“我们是不是赶紧靠上去？”他身边的几个人等不及了。

“且慢！我先对一下暗号。”“酒糟鼻子”说着，拿出“对讲机”说了几句暗语，对方马上回应。这时，“酒糟鼻子”说：“大家开始行动！”

小船开足马力，朝着目标船驶去。

代号“1路”的警察发现异常，马上报告：“黄队长，目标出动！请指示！”

“大家暂时先隐蔽，等到他们交完货后，一起逮住他们，人赃俱获，免得他们抵赖！”黄明鑫队长下令。

当大家通过望远镜看到走私犯已经将古董搬到对方船上时，黄明鑫队长下令：“各路人马马上出击，一个也不准漏网！”

埋伏在暗处的汽艇开足马力，朝着目标追去。很快，警方的汽艇把两艘船包围了起来，黑洞洞的枪口对准了走私犯，在警察的强势包围之下，走私犯们乖乖地举起了双手。人赃俱获，他们只能投降。

【知识链接】圆及圆的切线

圆是在同一个平面内，到定点的距离等于定长的点的集合。

切线的判定定理：经过半径的外端并且垂直于这条半径的直线是圆的切线。

切线的性质定理：圆的切线垂直于经过切点的半径。（见图4）

推论1：经过圆心且垂直于切线的直线必经过切点。

推论2：经过切点且垂直于切线的直线必经过圆心。

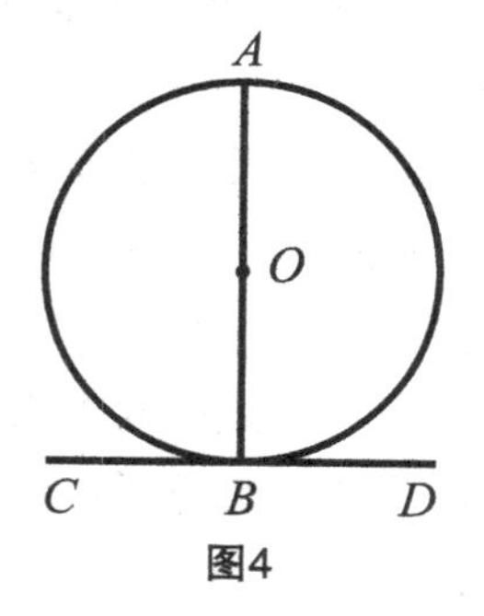

图4

切线长定理：从圆外一点引圆的两条切线，它们的切线长相等。圆心和这一点的连线平分两条切线的夹角。（见图5）

即 $AB=AC$，

$\angle OAB=\angle OAC$。

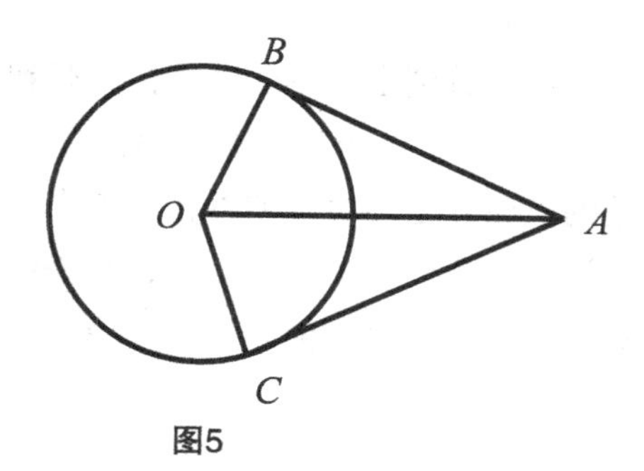

图5

【破案趣题】打靶“比武”

某公安局为了提高警察的素质，督促大家练好过硬本领，决定进行一次“大比武”。一个月后，警察“比武”的日子终于在大家的企盼中迎来了。

这天，张华、王宁和许丰走进了比赛场。他们进行的是混合赛，但是分别计算各自的成绩。

他们分别用小口径步枪，对着同一个特设的靶子进行射击，每人有6发子弹。

“怪事，三个人同时比赛，怎么计算成绩呢？”张华发出了疑问。

“打就是了，肯定有办法的。”许丰说。

“不要分散精力，只注意打好靶子就行了。”老大哥王宁在提醒。

“叭！叭！叭！”他们开始射击了。

靶子上出现了不少枪眼。

为了说明情况，中靶的位置在图上用黑色圆点来表示。（见图6）

很快成绩就计算出来了，结果发现每人都得了71分。另外，3人的18发子弹中只有1发射中靶心，得到50分。

统计显示：张华前2发子弹得22分；许丰头2发子弹得3分。问：三个人中是谁射中了靶心？谁先算出来加5分。

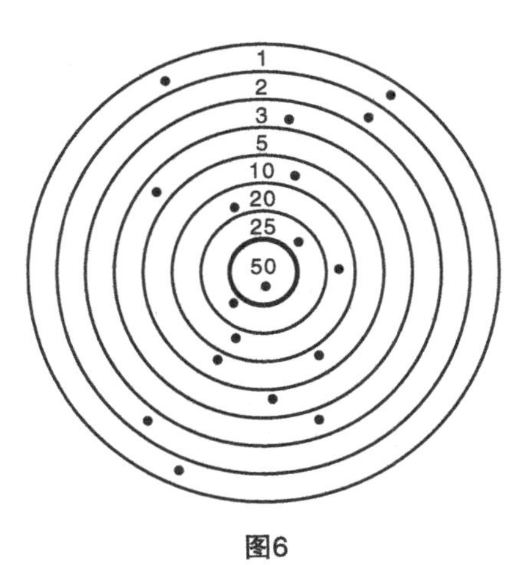

图6

真怪呀，不光考枪法，还要考数学智力呢？

很快，许丰算了出来。

大家想一想，你能算出来吗？

先把18发子弹的分数全写下来，然后把它们列成3行（每行6个数），使每行的数的和都是71分。这18发子弹的得分分别是：50、25、25、20、20、20、10、10、10、5、5、3、3、2、2、1、1、1。

经过计算，要使3人中每人的得分都是71分，只有下面一种排列法：

第一行：25、20、20、3、2、1——共71分；

第二行：25、20、10、10、5、1——共71分；

第三行：50、10、5、3、2、1——共71分。

根据题目中给出的已知条件，张华开头2发得22分，所以他得的是第一行的分数，因为只有在这一行里才有2次分数加起来等于22分。

许丰头两发得3分，所以他得的是第三行的分数。虽然第一行2＋1＝3分，但是上面已确定这一行属于张华的得分而第二行里任何两个数相加都不等于3，故排除。

因此，第二行分数是王宁的，而中靶心的正是许丰。

面对生死考验

尼尔森是一位优秀的探长，他的机智灵敏、智慧正义让人钦佩，同时也让罪犯闻风丧胆。

是啊，尼尔森探长办案精明，凡是他接手的案子，不管再怎么难，他都会设法侦破。难怪，有些罪犯对他恨之入骨，甚至想花重金买他的脑袋。但每次他都因机智应对而化险为夷。

不过，有一件案子让他十分纠结，十几年前，他费了九牛二虎之力摧毁了一个贩毒集团，遗憾的是由于自己的疏忽，本来应该绳之以法的贩毒头目詹姆斯逃之夭夭。从此以后，詹姆斯再没有露面，好像从人间蒸发一般。尼尔森探长对于没有将詹姆斯抓捕归案感到十分沮丧，决心在有生之年把他绳之以法。

最近，他有次在超市购物时忽然发现了詹姆斯，他刚要追上去，但人一下就不见了。还有一次，在一家菜市场，尼尔森又见到詹姆斯了，他刚要走近，结果他一转弯又不见了。

尼尔森这次确定是詹姆斯重新出现了，他因此而精神抖擞，干劲十足，决定同这个犯罪头目一决雌雄！

这天，在一个胡同里，尼尔森再次发现目标，他马上加快脚步跟了上去。对方似乎有意放慢了步伐，在一个胡同转弯的地方，尼尔森急忙跑了起来，免得又让对方跑掉。当尼尔森一转弯，发现目标在一座旧楼前一闪便不见了。

尼尔森稍迟疑，便立即跟了上去。当他走到一个房间的门口时，头部受到猛烈撞击，什么也不知道了。

等尼尔森醒来的时候，发现自己躺在一间房子里。他发现这间房子比较特殊，墙壁是用铝合金制作的。更为奇怪的是，这房子有四面墙，每一面墙上都有一扇门，每扇门上都有一个小的五边形按钮，按钮上还有一组数字。一看，设计这个小屋的人很古怪，尤其对数学特别喜爱，要不然的话，也就不会设计出这样的数学圈套。

“这是怎么回事呀？”尼尔森感到不解，“哦，我想起来了，我是被人打晕了，醒来就在这里了。”

突然，有一个似乎熟悉的声音飘进屋里：“尼尔森探长，你还记得我吗？你等我很久了，同样，我也等你很久了。现在你可能想起我来了，我就是你要抓捕的詹姆斯。你现在要知道的是：你要走出这间房子，我才会和你进行决斗，一决雌雄。我还要告诉你，这间房子地面也是五边形。能够走出这间房子的出口是和地面相似的小五边形按钮的门。祝你好运！”

尼尔森这会清醒多了，他知道遇到了十几年前的冤家。他想：自己一定要出去，跟詹姆斯决斗，了却十几年来的夙愿——将詹姆斯绳之以法，为民除害。“自己怎么出去呢？怎么办呢？”尼尔森思考着，他的手不自觉地插进了衣兜里。他的衣兜里正好有一个量角器和一把小短尺，那是昨天晚上辅导儿子做功课时随手装进去的，想不到一时的疏忽竟派上了用场。

尼尔森思考了一会儿，他想：如果两个边数相同的多边形的对应角相等，对应边成比例，则这两个多边形就是相似多边形。相似多边形对应边的比叫相似比。于是，尼尔森动手测量了地面的五个角，五条边，又测量了这四扇门上的几个小五边形。他很快就找到了和地面相似的小五边形的门。

找到出路，尼尔森十分高兴。可是，他费了九牛二虎之力也没能够把门打开，顿时，他又十分沮丧。

这时，又传来了詹姆斯的声音：

“你果然是个聪明人，找到了正确的门。不过，这扇门单靠你自己的力气是打不开的，靠的是智慧。在小五边形上面有一组数字是地面这个大五边形和门上这个小五边形的周长比和面积比。如果你能够正确地算出这两个比值，用左手和右手同时按住这两个数字，那么这扇门就会自动打开。否则，只要你有半点马虎，就会引爆炸弹，自取灭亡。”

尼尔森听到这个“魔鬼”的声音，知道眼前的处境，脸上顿时流下了豆大的汗珠。他知道越是在危险的时刻，越是要冷静、冷静、再冷静！尼尔森闭上眼睛，嘴里默默数着“1，2，3，4…”，让自己的心安静下来，5分钟后，尼尔森冷静下来，大脑迅速地转动着。他想：我刚才已经计算出了五边形的相似比。而相似多边形的性质是：相似多边形的周长比等于相似比，相似多边形面积比等于相似比的平方。

尼尔森很快计算出了结果。在那扇门上一找，还真有这两个数字。

尼尔森微笑着，连续做了几个深呼吸。然后，他用左手和右手分别按住这两个数字，门上绿灯一亮，门竟自动打开了。尼尔森急忙大步走出了这个束缚自己的大门。

随后，尼尔森又听到詹姆斯的声音：

"祝贺你能够安全地走出小屋！现在我要实现自己的诺言，在驼峰岭上同你一决雌雄！我知道，十几年来你没有抓到我，直到现在还耿耿于怀。同样，我因为被你追踪过得不安生，也耿耿于怀，这个问题一直纠缠着我，我活着也不开心。我花费心血设计的铝合金屋，也被你破解。我不死心！如果你有勇气，敢于较量，那就请你一个人到驼峰岭，我们一起了却十几年的恩怨吧！"

作为探长，尼尔森不能感情用事，但是，他对詹姆斯实在是太痛恨了，面对詹姆斯的挑战，他不能打退堂鼓，更何况他也需要了却自己十几年的夙愿。不将詹姆斯捉拿归案，作为探长的他似乎没有尽到责任。必须为民除害，哪怕是牺牲自己也在所不辞！想到这里，尼尔森毅然决定上驼峰岭去。

随后，他打电话告诉跟随多年的助手，这几天不要找他，几天之后，见不到他，就到驼峰岭找他，说完就挂机了。

尼尔森紧了紧腰带，把鞋带重新系好。他朝着驼峰岭方向大步迈进，决心为民除害。等待他的又是何种的生死考验呢……

【知识链接】相似多边形的性质

如果两个或多个边数相同的多边形的对应角相等，对应边成比例，则这两个或多个多边形叫作相似多边形，相似多边形对应边的比叫作相似比。

相似多边形有很多性质，我们了解之后，才能加以应用。归结起来，相似多边形的性质如下：

相似多边形的性质定理1：相似多边形周长比等于相似比。

相似多边形的性质定理2：相似多边形对应对角线的比等于相似比。

相似多边形的性质定理3：相似多边形中的对应三角形相似，其相似比等于相似多边形的相似比。

相似多边形的性质定理4：相似多边形的面积的比等于相似比的平方。

相似多边形的性质定理5：若相似比为1，则是全等多边形。

相似多边形的性质定理6：相似多边形对应边的比，对应高的比，对应角平分线的比，对应中线的比，对应周长的比成比例，等于相似比。

相似多边形的性质定理主要根据它的定义：对应角相等，对应边成比例。

由于从多边形的一个顶点出发，可引出（$n-3$）条对角线，这（$n-3$）条对角线将多边形分成了（$n-2$）个三角形，所以相似多边形具有与相似三角形相类似的性质，诸如相似多边形的周长比等于相似比，面积比等于相似比的平方。

【破案趣题】贪污了多大的小湖

辛探长最近处理一起经济案件。

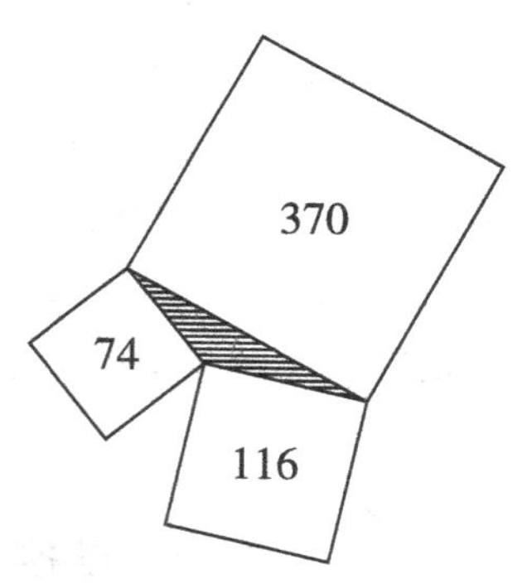

事情的原委是这样的：哈姆特建筑公司的费曼经理参加了一次土地拍卖会。拍卖行的拍卖师宣布：在本市郊区的风景区有这样一块土地要进行拍卖，这块土地不是方方正正的，而是由三小块土地连在一起。这三小块土地都是正方形，它们的面积已经标注在地图上了（见右图），它们的面积分别是74、116、370英亩，总面积正好是560英亩。这三小块正方形土地的中间还有一个小湖，哪家公司买下这三小块土地，卖家可以把小湖作为礼品赠送。最后，谁算出了小湖的面积，卖家就优先卖给这个人。

看来，卖家是一位数学爱好者，喜欢玩这种数学游戏。

哈姆特建筑公司的费曼经理是一个聪明人，他长着一个“数学脑袋”，很快，他就算出了这个小湖的面积，按照要求他拍板成交了。

问题是，后来出事了，费曼经理只将三小块土地上报了公司，卖家所赠的小湖竟被他贪污了。他暗地里搞了一个淡水养殖场，一年收益几百万英镑。事情败露后，公司委托辛探长调查小湖的面积，根据小湖面积的大小，最后对费曼经理做出相应的处罚。

辛探长很快明白了这个问题的关键所在，迅速画好草图，并进行计算，马上得出了小湖的面积。辛探长将调查结果签字，递给了哈姆特建筑公司的杰克经理，辛探长也就完成了这次任务。至于怎么处理费曼经理，那是后话。

辛探长是怎么根据已知内容画出草图并进行计算的呢？

答案：

辛探长根据上面的拍卖图巧妙地构造出了三个直角三角形（见下图），这是解决本题的关键。这三个直角三角形为直角三角形AEC、直角三角形BFC和直角三角形ADB，从而轻松地解决了这个问题。

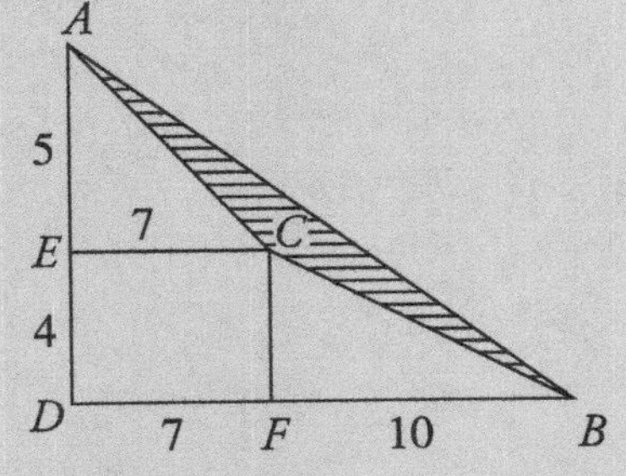

由拍卖图可知，由于74、116、370英亩都是面积数，即相当于三条湖边的平方，而这三条湖边刚好就是上述三个直角三角形的斜边。勾股定理告诉我们：直角三角形斜边的平方等于两条直角边的平方和。

辛探长根据勾股定理，作了如下的分析：

在直角三角形AEC中，$74=(\quad)^2+(\quad)^2$，直角三角形BFC中，$116=(\quad)^2+(\quad)^2$，直角三角形ADB中，$370=(\quad)^2+(\quad)^2$。

那么，它们的解是多少呢？

就此，不难发现，正好有$74=5^2+7^2$，$116=4^2+10^2$，而$370=9^2+17^2$。

更巧的是，还有5+4=9及7+10=17成立，即AE（5）+ED（4）=AD

（9），DF（7）+FB（10）=DB（17）。在这里，画图十分关键。由图可以看出，各个图形的面积：

$S_{\Delta ABD}=\frac{1}{2}\times9\times17=76.5$，

$S_{\Delta AEC}=\frac{1}{2}\times5\times7=17.5$，

$S_{\Delta CBF}=\frac{1}{2}\times4\times10=20$，

$S_{\square ECFD}=4\times7=28$。

那么，ΔABC的面积=76.5-（17.5+20+28）=11（英亩），这正好是小湖精确的面积。

第6章

时间问题

——钟表上的速度与激情

谁有作案时间

“不好啦！主人的保险柜被盗了！”女仆惊慌失措地喊叫起来。当她冷静之后，马上打电话给赵新伟警官，并保护好现场，不准外人进入。赵新伟带着助手田力强火速赶到出事地点。

女仆在富翁家的大门口等候赵新伟的到来。

“赵新伟警官，你说我该怎么办呀？”女仆惊慌地说，“我们的主人到外地旅游去了，临走的时候对我说多留意他的保险柜，因为我在他家上班多年，我人老实，主人很信任我。你看我没有给他看好保险柜，保险柜竟然被偷了。我这怎么向主人交代啊！赵新伟警官您可要给我做主呀！”女仆说完竟掉下了眼泪。

“阿婆，你带我到案发地点。”赵新伟马上投入侦查。

女仆急忙带着赵新伟来到主人的卧室。

赵新伟和田力强仔细勘查起来。赵新伟发现保险柜的门前有一根头发，急忙让田力强夹在纸袋里。再仔细勘查，结果没有发现指纹等其他线索。

“阿婆，你放心，我会给你主持公道的。”赵新伟安抚着女仆，“您把富翁家的佣人全部集合起来。”

女仆不敢怠慢，立即将富翁家里的佣人集合在客厅。

富人家里共有 8 名佣人。

“阿婆，你先发现主人家的保险柜被盗，你先说一说情况。”赵新伟威严地说。

女仆望了一眼赵新伟，低头说：“是我首先发现了保险柜被盗的。下午 3 点 40 分，我打扫完餐厅的时候一切正常。到了下午 4 点时，当我把一瓶鲜花放到餐厅圆桌上的时候，发现餐厅的落地长窗被打开了，而且保险柜也空了。”田力强一边听一边迅速地记录着。

赵新伟对在场的所有人说：“在下午 2 点以后，你们都在做什么？要如实回答。”

富翁的私人教练说：“下午 2 点开始我待在别墅里先做 40 分钟的瑜伽，接下来的 45 分钟在练习举重。”

秘书说：“下午我一直在大门旁边的门房里面写信，写完信后，我走出大门去村子里面的邮局把信寄走了。但是由于我的手表坏了，我记不清什么时间出门的，走到邮局需要大约 40 分钟。”

厨师说：“我从下午 2 点开始做面包，时间大致安排是这样的：列出配料表，开始揉面团—— 10 分钟；趁着面团在发酵的时候做好汤—— 20 分钟；先揉面团，然后再让它发酵—— 5 分钟。把面包放进烤箱，收拾妥当，等面包烤好—— 35 分钟。”

园艺师说：“我从下午 2 点开始一直在花园里忙着给花草插枝条，每一次插枝条大约需要 8 分钟，我一共插了 12 次。”

勤杂工说：“下午 2 点开始，我就开始给大门旁边的栏杆扶手刷油漆，一共有 28 个扶手，油漆一个扶手需要 5 分钟。当村子里的大钟敲过 3点半的时候，我看到富翁的秘书手里拿了一些信件走出大门。不久，我还看见司机开车从大门进来。”

男管家：“下午 2 点的时候，我在办公室里写下一周的值班表，大约需要 1 小时 20 分钟。”

司机说：“我下午 2 点开始清洗汽车，时间用了 55 分钟，然后开车去村子里加油，估计大约用了 35 分钟。”过了一会儿，司机补充说：“我回到大楼的准确时间是这样的，当我开车驶进大门的时候，从汽车的后视镜里看见教堂的大钟的时间是 8 点 20 分（如图）。”

看来挺复杂。在下午 3 点 40 分到 4 点之间，哪些人有作案时间，哪些人没有作案时间呢？

赵新伟警官马上动用脑子分析起来，很快得出如下结论。

在下午 3 点 40 分到 4 点之间，下列人员有时间作案：

私人教练——他在下午3点25分就已经做完了瑜伽及举重训练。

厨师——他在下午3点10分就烤完面包了。

园艺师——他在下午3点36分就插完了枝条

男管家——他在下午3点20分完成了他的工作。

司机——他说自己在3点30分回来的，但从他后视镜里看到的时间推算，应该是3点40分。

下列人员没有时间作案：

秘书——勤杂工在3点半看见她去小村庄。来回需要1小时20分钟，一直到下午4点50分之前，秘书一直忙着工作。

勤杂工——他需要到下午4点20分才能油漆完所有的扶手。

赵新伟对有作案时间的私人教练、厨师、园艺师、男管家和司机说："你们回到客厅，不准外出，等候我的询问。"并吩咐田力强分别取有作案时间人的一根头发，并同现场遗留下来的头发丝作DNA鉴定。

结果终于出来了，现场遗留下来的头发丝和司机的头发丝的DNA完全吻合。司机在事实面前不得不交代自己的犯罪过程。

【知识链接】钟表上的数学

钟表我们太熟悉了，它是我们计时的重要仪器。钟表上面有秒针、分针和时针，它们有着有趣的关系。

整个钟面为360度，上面有12个大格，每个大格为30度，即360度÷12=30度；60个小格，每个小格为6度，即360度÷60=6度；时针每分钟转过30度÷60=0.5度。

分针走一小格是1分钟，时针走一小格是1小时÷5=12分钟。秒针走一圈是1分钟（60秒），分针走一圈是60分钟（1小时），时针走一圈是12小时。

一般说来，钟表盘上一个圆周等分为60格，即是60分的相应的刻度，则钟面上的路程和速度有如下关系：

钟面一圈按"小时"分为12大格，时针每小时走1大格，分针每小时走

12大格，它们每小时相差：12-1=11大格。

钟面一圈按“分”分为60小格，时针每小时走5小格，分针每小时走60小格，它们每小时相差：60-5=55小格。

分针与时针速度的关系：

在同一时间，分针是时针转速的12倍，时针是分针转速的$\frac{1}{12}$。

在钟表问题中，钟面好比一个环形跑道，人们常用行程问题中的“追及”和“相遇”来解决。钟表上时针、分针、秒针的速度是不同的，各指针速度是恒定的。如果将指针所走过的圆心角的度数作为“路程长”，我们就可以计算出各指针的恒定速度来：

时针速度：每分钟走十二分之一小格，每分钟走0.5度，即时针的速度为0.5度/分。

分针速度：每分钟走1小格，每分钟走6度，即分针的速度为6度/分。

秒针速度：每分钟走60小格，每分钟走360度，即秒针的速度为360度/分。

【破案趣题】怀表里的线索

清晨，天刚蒙蒙亮，未名湖公园传来一声尖锐的惊叫声。十几分钟后，几辆警车开进了未名湖公园。

原来，是在公园晨跑的阿明在未名湖里发现了一具尸体，尸体双腿挂在湖边石头上，上半身插入水中，也难怪他会吓得失声尖叫。

警官张黎和同事们赶到后，很快将尸体捞了上来。张黎先派出了两名警察去搜索周围情况，然后带上橡胶手套检查起尸体来。死者是一个50多岁的男性，是被人用绳索勒住脖子窒息而死。根据尸体颜色，判断死亡时间不超过3小时。死者穿着一身名牌西服，张黎在他西服口袋里找到了一只镶钻的高级怀表，他没有细看，就将这个证物递给了旁边的许一媛。许一媛刚从警校毕业，进入警局还不到一个月。为了更快地学习破案的实用知识，她做起了张黎的助手兼搭档。

等再无其他线索后，张黎想起从死者身上搜到的怀表。他回头去找许一媛要，却看到许一媛正转动着怀表上的指针玩。她的这一举动让张黎大吃一惊，他连忙上前抢过怀表，大声斥道："你在干什么？"

许一媛被张黎的语气吓得哭了起来，边哭边说："对不起，我看这么漂亮的怀表停了十分可惜，就忍不住上了几下发条。"

张黎看她哭了，连忙安慰道："好了，刚才是我不对，我声音太大了。但以后你要记住：现场的一切证物一定不要动，要遵守保护现场的规则。"

许一媛边哭边点头。

"现在，你回忆一下，你转动指针之前，表上的时间是多少啊？"张黎以更缓和的口吻问道。

许一媛用手背抹了一下眼泪，回忆说："具体的时间我没注意，但有一点十分深刻，就是指针和分针正好重叠在一起，而秒针却正好停在表面上一个有斑点的地方。"

张黎听后，拿起怀表看了看，表面上有斑点的地方是49秒的位置。他认真思考起来，并拿出随身携带的小本计算起来。

不一会，他确定，怀表的时间是停留在凌晨 4 点 21 分 $49\frac{1}{11}$ 秒。也就说，死者就是在这个时候被抛进未名湖里的，然后怀表进水，指针停止走动，时间停止。

几个小时后，他的这一推断被法医证实。警察通过监控录像和街头问话，将这一时间段出现在未名湖公园的人排查了一遍，最终将凶手抓获。

你知道张黎警官是如何算出怀表的时间是停在 4 点 21 分 $49\frac{1}{11}$ 秒的吗？

原来，在12小时内，时针和分针有11次重合的机会。大家知道，时针的速度是分针的 $\frac{1}{12}$，因此，在上一次重合以后，每隔1小时5分 $27\frac{3}{11}$ 秒，两针就要再度重合一次。计算方法为：60分钟 $\div(1-\frac{1}{12})=60\times\frac{12}{11}=\frac{720}{11}=65\frac{5}{11}$ 分 =1小时5分 $27\frac{3}{11}$ 秒。

半夜零点以后，两针重合的时间有：1点5分 $27\frac{3}{11}$ 秒；2点10分 $54\frac{6}{11}$ 秒；3点16分 $21\frac{9}{11}$ 秒；4点21分 $49\frac{1}{11}$ 秒……4点多这个时间正符合秒针所指的位置，也正是张黎所计算的时间。

一张彩票引发的血案

柳巷小区发生凶杀案，高开警官接到报案后，领着助手王毅力火速赶往现场。他们通过调查发现，死者是本市足球队的前锋队员蓝天，身上多处刺伤，致命伤是刺中心脏的一处，死亡时间大约是 20 个小时前。屋里只有蓝天的衣服和洗漱用品，看来是他自己一个人住。抽屉里的现金没有丢，看来凶手不是劫财，那他图的是什么呢？

接下来高开和王毅力去向报案人了解情况。报案人是蓝天的邻居刘女士，她哆哆嗦嗦地说："昨天我女儿生病，我在家照顾，突然我听到一声尖叫声，把我女儿都吓哭了，我看了下表，是中午 12 点 08 分。然后，我开门一看，看到一个男人从蓝天家跑出来，转眼间跑掉了。因为女儿在哭，我就没多管。但是越想越不对，今天早上我就去敲他家的门，没想到门没锁，我一推就推开了，我进去一看，蓝天浑身是血，躺在那里。我就赶紧报警了。"

这是个重要线索，高开暗暗记下。

柳巷小区是老小区，没有监控录像，这给破案增加了难度。而且高开他们在现场也未发现任何指纹，看来凶手是戴着手套作案的。

突然，王毅力在电脑桌旁的地上，发现了写着一串数字的纸张。上面的字迹歪歪扭扭，而且还有血迹，很不寻常。他急忙拿去给高开看。

高开打开纸张一看，上面写的是"982 356"，笔迹歪斜，数字旁边还有一个带血的拳头印。在电脑桌底下还发现了一枝带血的铅笔。高开马上判断：这是死者生前留下的，他是要给我们指出凶手。

但是"982 356"这六个数字跟凶手有什么关系呢？死者死前费尽力气写下这六个数字，到底是要告诉我们什么呢？

不过，当听说王毅力是在电脑桌旁边发现的这张纸时，高开心里一动，是不是电脑的开机密码？于是，他急忙将蓝天的电脑开机，发现果真设置了密码。他输入蓝天留下的"982 356"，果真进入了桌面。看来，蓝天就是让警察搜查他的电脑。

电脑进入桌面后，蓝天的QQ自动登录。高开开始认真地搜查起他的聊天记录来。果然，让他找到了重要线索。

聊天记录上显示：最近两周内，有三人曾向蓝天借钱，而且借的都是大数目，但是都遭到拒绝。

网名“天字一号”的人向蓝天借款100万，遭到拒绝后，破口大骂，脏话真是不堪入耳。

网名“知我心”的人向蓝天借款120万元，遭到拒绝后，也是破口大骂，而且最后还留下一句“等着瞧！”

网名“任我行”的人向蓝天借款200万元，遭到拒绝后，只留下了一句“走着瞧！”

这些聊天记录让高开警官很是纳闷，蓝天也就是个小足球队员，他哪有那么多钱？为什么这三人要向他借这么多钱呢？多想无益，找到这三人问问不就知道了，而且三人都与死者有纠纷，都有杀人动机。

高开找来电脑高手，一阵“噼噼啪啪”敲击键盘的声音后，搞定了。高手将三人的真实身份给高开看。

天字一号，真实姓名朱胤，是一所小学的足球教练。

知我心，真实姓名祁宏名，是某健身所的橄榄球教练。

任我行，真实姓名侯斌，是一所中学的足球教练。

高开得知三人的真实身份后，立马将三人都“请”了来。通过问话得知，三人昨天上午都参加了10点整开始的比赛。

朱胤的足球队与另一所小学校的足球队，争夺教育局举办的小学组的“体育明星杯”。地点就在离凶杀现场10分钟路程的一所小学的足球场上。

祁宏名教练带着健身所的所有橄榄球队员，进行一场友谊赛。而地点就在健身所的体育场内，离凶杀现场有60分钟路程。

侯斌的足球队参加的是冠军争夺赛，地点是在离凶杀现场20分钟路程的市体育场。

昨天万里晴空，天气很好，三场比赛都没有中断过。而且经过证实，在裁判吹响结束比赛的哨声之前，三位教练都在赛场上指挥球队。

似乎三人都没有作案时间，都有不在场的证明。但是，不论怎样，这三人有作案动机啊。案件似乎又陷入了僵局。

但是高开警官可没有放过这三个嫌疑人，他踱着方步在审讯室里来回走着，突然他抬头问了三位教练一个貌似与案件毫无关系的问题，那就是："诸位教练，比赛的结果怎么样？"

三位教练犹豫了一下，还是如实回答。

朱胤教练回答说："我们学校的球队与对手踢成了 4：4 平。"

祁宏名教练回答说："我们健身所的橄榄球队员分成两队打友谊赛，不过我喜欢的那个队伍打输了，9：15 输给另一队。"

侯斌教练满面喜色，激动地说："我的球队以 8：3 的辉煌战绩打败了对手，获得了冠军！"

高开警官一听，心里沉思道：一场足球比赛的时间是 90 分钟，朱胤教练的球队争夺"体育明星杯"，是锦标赛，当他们与对手踢成 4：4 平局时，还有 30 分钟的加时赛，再加上 10 分钟的路程时间，就是不算上中场休息的时间，他也不可能在 12:10 前到达死者蓝天家。

一场橄榄球赛需要 80 分钟，还不包括比赛时的中场休息时间，再加上 60 分钟的路程时间，那么，祁宏名教练在 12:20 之前是不可能到达蓝天家的。

只有侯斌教练有可能赶到死者家。足球比赛全场是 90 分钟，即使加上中间休息 15 分钟和路程 20 分钟，侯斌教练也完全有可能在作案之前的 12:05，即在尖叫声发生之前 3 分钟，到达死者家的。

分析完这一切，高开警官对着喜形于色的侯斌教练冷冷一笑道："侯教练，留下来我们再聊聊吧。"

经过审讯，侯斌教练终于承认了杀害蓝天的犯罪事实。原来，蓝天最近买了一张彩票，没想到竟然中了头等奖，奖金有 500 万元。这事他只告诉了这三个朋友，所以他们分别向蓝天借钱。遭到蓝天拒绝后，侯斌教练怀恨在心，就跑到蓝天家里将他杀害，并偷走了他的彩票，准备自己去兑换。

正是这一张彩票引发了血案。

【知识链接】时针与分针的重合问题

中午，墙上的挂钟刚敲完12下，时针和分针恰好重合在一起。

爸爸指着挂钟对孩子们说："从现在起到明天的这个时候，时钟的分针与时针将会重合多少次呀？"

"分针每小时走1圈，它每走1圈就要跟时针重合1次。"儿子亮亮抢着回答，"一昼夜有24小时，所以分针跟时针必然要重合24次。"

"是吗？"爸爸对着亮亮说，"回答问题要仔细分析，不要被表面现象所迷惑。"

女儿梅梅起初感到哥哥的回答好像是正确的，但转念一想觉得有点问题，于是，便认真思考起来。爸爸示意梅梅不妨用手表试转一下。梅梅将分针拨转了两圈，发现分针与时针重合两次，但她没有停下，又用手继续拨转分针，使分针总共跑了12圈。最后，她发现分针与时针相遇的次数竟不是12次，而是11次。于是，梅梅对爸爸说："时钟的分针和时针一昼夜重合22次，而不是24次。"

原来，虽然分针每走1圈要跟时针重合1次。但是，分针走的时候，时针并不是不动的：分针每走12圈，时针自己要走1圈。因此，对时针来说，12个小时，分针和时针只重合了11次。当分针走了24圈的时候，时针也走了2圈。所以，一昼夜24小时，分针和时针只重合了22次。

【破案趣题】枪响的时间

哈特探长接到警官麦克的电话，说阳光商场里有人被杀，请他迅速前往破案。接完电话，哈特探长就带着助手阿力出发了。

死者是商场的员工高健，是商场二楼家电柜台的销售人员，是在休息室里被人用枪射击心脏而死，尸体被杂物盖住，藏在了角落里。法医来看过尸体，初步判断是昨天下午3:00到6:00之间被杀的 。

而监控录像显示，昨天下午 3:00 到 6:00 有很多人进入休息室，只是没有声音。只要根据枪响的时间，找出进入休息室的员工，就能很快找出凶手。

哈特探长随后询问了商场的员工。

一个年轻女孩不确定地说："我昨天好像听到'砰'的一声。"

"大约是什么时间？"哈特探长急忙问道。

"我负责家电专区，听到声音，我还以为电视里的声音，因为我们专区的电视机一天都开着，放一些电影电视剧之类的，让观众了解电视机的画面质量。我就回头看了一眼电视屏幕，但是没有播放枪战片啊，我还感到奇怪，不过我记得时间，因为我手机正好有短信，是 16 点 08 分。"女孩解释说。

"这么说，我也听到了。"一个男青年也说道，"不过时间应该不是 16 点 08 分，而是 15 点 40 分。因为当时我看了下表，还在想，怎么这个时间就放枪战片了，平时都是下午 6 点之后才放的。"

"昨天下午 4 点 15 分的时候我听到过'砰'的一声，跟他们时间都不对，不知道是不是枪响。"一个中年男子也开口说道。

"我也听到了，不过时间是在 15 点 45 分。"一个年轻男孩说道，"我那时候正在用手机玩游戏，然后突然听到'砰'的一声，吓得我都忘记按键盘了，然后就'game over（游戏结束）'了，那时，我手机的时间正好是 15 点 45 分。"

这四个人的答案让哈特探长糊涂了，到底这是响了几声枪响啊？最后，他一拍脑袋，对这四个人说道："把你们看时间的工具都交上来！"

虽然四人有点纳闷，但还是听话地将自己的手机、手表上交了。哈特探长一检查，发现四人的时间各不相同，跟标准时间相比，一个慢 25 分钟，一个快 10 分钟，还有一个快 3 分钟，最后一个慢 20 分钟。他不由得哈哈大笑道："原来如此！"之后，他仔细查看了 16:05 分左右的监控录像，将员工李翔抓了起来。李翔很快承认是见财起意杀了高健。

哈特探长怎么知道枪响的时间是 16:05 分呢？

答案：

这个看起来复杂，实际上简单的问题，计算方法很简单，用最快的时间四点一刻（16:15）减去走得最快的时间（10分钟），将最慢的手表（15:40）加上走得最慢的时间（25分钟），另外用走得稍快的时间（16:08）减去走得快了点的时间（3分钟），再用走得稍慢的时间（15:45）加上其走慢的时间（20分钟），都可以得出相同的答案，即作案时间是16:05。

巧截杀人魔头

“呜哇呜哇……” W 市的大街小巷都响起了刺耳的警笛声。这是什么情况？原来 W 市公安局出动了全部警车，并齐声鸣笛，正在抓捕一个杀人魔头。就在一个小时前，这个杀手将新上任的副市长枪杀了，并开车逃走。不过，在公安局的案底里，这个杀手手上的人命可不止这个新副市长，还有本市公安分局的一个巡警，X 市的一个政府人员，一个清洁工人等七人，也都是被他枪杀的。

所以，当公安局长得知在现场发现这个杀手的身影后，就下了死命令：不惜一切代价，一定要将这个杀人魔头抓捕归案。所以，就有了开头的那一幕。

杀手开着一辆黑色的跑车，在弯弯绕绕的大街小巷上寻找着出路，不时地逆行、撞坏道路设施。而开着警车、警用摩托的警察也穷追不舍，紧随其后，不时还有警察骑着摩托撞击杀手的黑车，想迫使他停下来。

但杀手是个亡命之徒，当有警车逼近时，他就拿出枪来射击。所以，几次下来，警察只好跟在后面，寻找时机将他拦住。在你追我赶的飙车中，他们经过路段的交通也乱成了一锅粥。

这样的情景像不像在拍警匪电影？可能比电影里的情景更加惊心动魄！

带着警察将 W 市的道路绕了一大半，但还是无法甩脱他们，杀手有点急了。当看到指示牌上的“火车站”三个字时，他心里兴奋不已，大笑着说：“真是天助我也！”杀手将车往火车站方向开，到达后，跳下车子就跑了进去。随后追来的公安局刑侦大队的队长邢磊和队员王力、肖凯，也跳下车，跟着跑进了车站。

他们三人一路跟着杀手跑进了火车站台，只见杀手跳上了一辆正准备出发的火车，三人也毫不犹豫地跟了上去。等他们一上车，火车正好关上车门，开车了。而杀手在满是旅客的车厢中挤来挤去，忽然消失不见了。

这怎么行，车上这么多人，凭邢磊他们三人的力量，想找出杀手可有点难度，而且杀手还带着枪。邢磊队长当机立断，命令道：“王力，你去火车头，让列车长在宽阔的地方停车，然后打电话给局长，请求直升机支援；肖凯，你跟我去车厢搜索罪犯。”这样，三人分成两路进行行动。

邢磊和肖凯挨个车厢搜查，连厕所都不放过。终于，在第5车厢，他们看到了那个杀手。他正坐在角落的座位里，看到两人直奔他而来，赶紧站起来往第6车厢跑去。当邢磊和肖凯追到第6车厢的时候，车里的光线迅速暗了下来，原来火车进隧道了。通过昏暗的光线，邢磊看到杀手打开车厢中间一扇窗户，跳下去了。他立即拨通了王力的电话，问道：“杀手跳车了，你那里现在什么情况？”

“等等，我问问列车长！”王力说道，不一会，他回话说：“列车长说，火车现在正经过峰山隧道，需要1分10秒的时间，出口处就是本地的风景名胜峰山高塔。我看了下车速表，显示是480米/分钟。”

“你问下列车长，火车全长多少米？”邢磊急切地问道。

不一会儿，王力回话道：“火车全长160米！”

邢磊稍一思考，就吩咐王力道：“让列车长出隧道后停车，我们下去拦截罪犯。”说完这些，邢磊立刻又拨通了局长的电话，说道：“局长，罪犯从火车上跳下去了，请你让直升机在峰山高塔前400米的地方降落搜索。”

“好，马上就到！”局长痛快答应。

打完电话，车厢里的光线又亮了起来。列车缓缓地停下，邢磊和肖凯从第6车厢跳下车，王力从车头的车长室跳下，然后列车又缓缓开走了。

“唉，队长，你怎么知道要在峰山高塔前面400米的地方降落呀？”下车后，肖凯说出了心中的疑惑。

“我计算了一下，这个距离也就是山洞的入口处。”邢磊判断说，“罪犯跳下车，要么从隧道入口出来，要么从隧道出口出来。让支援的人从入口搜索，我们从出口拦截。”

“队长，你是怎么计算的呀？”肖凯问。

“等我们抓到那个杀人魔头我再告诉你吧。”说着，邢磊已经走到隧道出口处，准备进入隧道搜索。

当他们从隧道搜索出来后，就看到有一架直升机在空中盘旋，不久就降落到了隧道入口旁的空阔地上，六个警察从直升机上跳了下来。

邢磊三人和他们会合后，一起进行搜捕，终于在旁边的丛林里，抓到了那个跌瘸了腿的杀手。就这样，杀人魔头终于被抓获了。

现在，让我们来回答肖凯的问题吧，看看邢队长是如何计算出隧道的长度的。

这里，已知列车的长度是 160 米，火车穿过隧道的速度是每分钟 480 米，即 480 米 /60 秒，即 8 米/秒。穿过隧道用时是 1 分 10 秒，即 70 秒。求隧道的长度?

设隧道的长度为 x ，根据题意可列出：

$x+160=8\times70$，$x=8\times70-160=400$（米）。

所以，隧道的长度是 400 米。

这是一个行程问题，但有一个特殊的条件，就是列车的长度。列车在 70 秒内所走过的路程，不只是隧道长还有车长。只有把已知条件全用上，按照它们的关系，列出算式，才能解决问题。

【知识链接】行程问题

在行车、走路时，涉及速度、时间和路程，已知其中的两个量，要求第三个量，这种应用题叫作行程问题。

行程问题基本恒等关系式：速度（v）×时间（t）=路程（S），即$S=vt$。

一般行程问题公式变换：

平均速度×时间=路程；路程÷时间=平均速度；路程÷平均速度=时间。

反向行程问题公式：反向行程问题可以分为“相遇问题”（二人从两地出发，相向而行）和“相离问题”（两人背向而行）两种。这两种题，都可用下面的公式解答：

（速度和）×相遇（离）时间=相遇（离）路程；相遇（离）路程÷（速度和）=相遇（离）时间；相遇（离）路程÷相遇（离）时间=速度和。

同向行程问题公式：

追及（拉开）路程÷（速度差）=追及（拉开）时间；追及（拉开）路程÷追及（拉开）时间=速度差；（速度差）×追及（拉开）时间=追及（拉开）路程。

列车过桥问题公式：

（桥长+列车长）÷速度=过桥时间；

（桥长+列车长）÷过桥时间=速度；

速度×过桥时间=桥、车长度之和。

解决行程问题，常以速度为中心，路程和时间为两个基本点，善于抓住不变量列方程。对于有三个以上人或车同时参与运动的行程问题，在分析其中某两个的运动情况的同时，还要弄清此时此刻另外的人或车处于什么位置，搞清楚前两者有什么关系。

分析复杂的行程问题时，最好画线段图帮助思考。

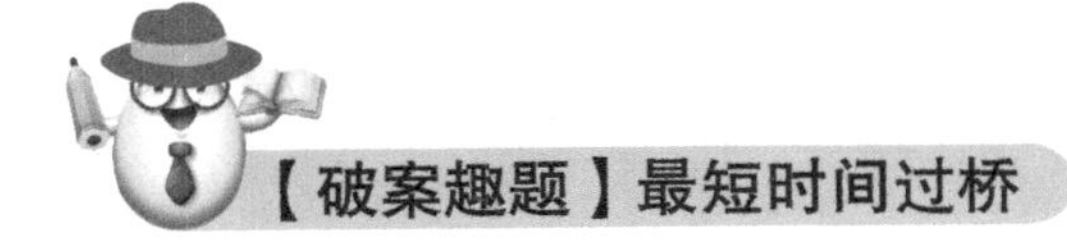

【破案趣题】最短时间过桥

在漆黑的夜里，四位抢劫犯被警察追得十分狼狈，不知不觉来到了一座狭窄而且没有护栏的桥边。如果不借助手电筒的话，大家是无论如何也不敢过桥去的。只是四个人一共只带了一支手电筒，而桥窄得只够让两个人同时通过。如果各自单独过桥的话，四人所需要的时间分别是 1、2、5、8 分钟 ； 而如果两人同时过桥 ， 所需要的时间就是走得比较慢的那个人单独行动时所需的时间 。

面对这个问题，四位抢劫犯想尽快过桥。其中一位年轻的抢劫犯很有数学头脑，不一会儿，就找出来一个短时间过河的方法来，迅速过了河。

不料，刚一过河，警察就追了上来。见抢劫犯已经过了河，警察便用电话迅速通知了河对岸的警察，不多时，河对岸的警察就打来电话，说四名抢劫犯一个不漏地落网了。

读者朋友们，请你设计一个方案，“帮助”抢劫犯用最短的时间过桥。

过桥情况分析：

（1）用时1分钟的人和用时2分钟的人拿着手电筒先过桥（此时耗时2分钟）。

（2）用时1分钟的人拿手电筒回来（或是用时2分钟的人回来，最终效果一样，不赘述，此时共耗时3分钟）。

（3）用时5分钟的人和用时8分钟的人拿手电筒过桥（此时共耗时2+1+8=11分钟）。

（4）用时2分钟的人拿手电筒回来（此时共耗时2+1+8+2=13分钟）。

（5）用时1分钟的人和用时2分钟的人拿手电筒过桥（此时共耗时2+1+8+2+2=15分钟）。

此时全部过桥，共耗时15分钟。

巧追骨灰盒

警官吴一鸣和助手刘能飞一起坐着“旅游一号艇”去执行一个任务。这是一条内陆河，这艘船是逆流而行，速度比较慢。吴一鸣正和刘能飞站在甲板上欣赏着远处的美景：宽阔的河面，近处绿绿的河岸，远处一块块方格式的梯田……

忽然，船长带着一位老太太过来找他们。

“二位警官，这位姜太太把爱人的骨灰盒弄丢了。”船长说，“老人家您把具体的情况告诉这两位警官，他们可是很有办法的人。”

“是这样。”姜太太动情地说，“我的老头子长年在国外，今年他得了重病，在弥留之际，他让好朋友用他的钱买了四颗钻石，准备送给我们的小女儿，并让这位好朋友在回国时稍了回来，让我转交给小女儿。这不，我正要送到A市去，半途却给弄丢了。”姜太太说着说着就哭了起来。“我怕路途不安全，就把钻石放到老头子的骨灰盒里，谁知连骨灰盒也有人偷。”

“真是笑话，怎么会有人偷骨灰盒呢？”刘能飞觉得好笑。

“我敢肯定是熟知您的人。”吴一鸣说，“要不然的话，是绝对不会有人去偷一个老头子的骨灰盒的。”

“你分析得很有道理。”刘能飞投赞成票。

“老人家，您的钻石都有谁知道呀？”吴一鸣问起来。

“骨灰盒始终同我在一起。”姜太太抹着眼泪说，“我知道这个东西很重要，我与骨灰盒几乎是形影不离。我上午9点的时候同一个姓夏的太太聊天。9点05分，服务员李彩到船舱里擦地，我和夏太太一起到甲板上聊天。”姜太太说到这里又哭了起来。

“因甲板有风，我在9点10分回舱取衣服，见服务员正在挪动我的东西，我还说了她几句，告诉她行李的主人不在的时候，不要动人家的东西。我们俩还争论了10分钟，这时是9点20分。在9点25分，夏太太又回到舱里

来叫我到甲板上去聊天。我因心情不好，也就没去。”

“然后呢？”刘能飞问。

“哦，是这样的。”姜太太说，“服务员在上午 9 点 30 分离开后，我再打开行李一看。啊！骨灰盒不见了。这时，我就急忙去找船长了。”

“骨灰盒是什么颜色的呀？”刘能飞问。

“是个紫红色的木盒。”

吴一鸣听到这里，心想：如果姜太太说的是事实的话，那么嫌疑人就是夏太太和服务员这两个人中的一个，她们也可能是同伙，不过看起来也不太像。

吴一鸣和刘能飞交换了一下意见。真是英雄所见略同，他也是这么认为的。

只是，要找到证据，她们才会承认呀？到哪里去找证据呢？

正在这时，一个船员向船长报告：“在船尾后面的河面上可以隐约看到一个紫红色的木盒。”

吴一鸣和刘能飞来到船尾，还真的看到了一个小木盒，随着波浪，一起一伏。

吴一鸣急忙对船长说：“我们应该返回去打捞小木盒！”

船长当机立断，下令返航打捞。

这时，吴一鸣看看表，时间正好是上午 10 点 30 分。

追上了顺流而下的小木盒的时间是上午 11 点 45 分，船员们急忙把它打捞上来。

吴一鸣急忙请姜太太看是不是她丢失的小木盒。姜太太一看，说：“正是这个骨灰盒。”她激动得双手哆嗦，打开一看，啊！骨灰还在，钻石却不见了！老太太顿时昏了过去。

“姜太太！”众人大惊，船上的医护人员马上对姜太太进行急救，总算把她抢救了过来。大家这才松了一口气。

吴一鸣掏出笔记本计算了起来。

“你找到线索了吗？”刘能飞好奇地问。

“我想算一下，小木盒是在什么时间被扔下河去的。看能不能从中找到一些线索。”吴一鸣边说边计算着。“哈哈！我计算出来了。”

“是什么时间把木盒给扔下河的呢？”刘能飞问。

“是上午 9 点 15 分。”吴一鸣说，“在这一时间老太太和服务员在争吵，她不可能作案，所以偷钻石的肯定是夏太太啦！”

吴一鸣和刘能飞走到夏太太面前，吴一鸣威严地说：“夏太太，你趁姜太太和服务员争论之际，偷走了骨灰盒，拿出了钻石，又趁人不注意把骨灰盒扔到河里。是不是这样？”

夏太太面带愧容，脸红一阵，白一阵，无地自容，乖乖地从衣袋里拿出了四颗钻石，双手递给了姜太太。

姜太太激动地对两位警官说：“我要拿出一颗钻石送给你们，太感谢你们啦！”

吴一鸣说：“老人家，我们不能要您的钻石，帮您找到钻石是我们的责任！”

聪明的读者，你能计算出夏太太扔骨灰盒的时间吗？

我们不妨列一个方程式：

设水速为 u，船在静水中的速度为 v，那么船在顺流时速度为 $u+v$，在逆流时速度为 $v-u$，设扔下骨灰盒的时间为 t，根据速度公式可以列出一个式子：

$(v-u)(10:30-t)+(11:45-t)u=(u+v)\times(11:45-10:30)$。

通过解这个方程，就得出：$t=9:15$，也就是上午 9 点 15 分被扔下了河。

【知识链接】流水问题

船在河流中航行时，顺流速度明显地大于逆流速度，这说明流水的速度是不可忽视的。顺流而下与逆流而上问题通常称为流水问题，流水问题属于行程问题。有时候，“上行”就是指逆水航行，“下行”就是指顺水航行。

船速：在静水中的速度；水速：河流中水流动的速度；顺水船速：船在顺水航行时的速度；逆水速度：船在逆水航行时的速度。

行船问题公式

（1）一般公式：

船速+水速=顺水速度；

船速-水速=逆水速度；

（顺水速度+逆水速度）÷2=船速；

（顺水速度-逆水速度）÷2=水速。

（2）两船相向航行的公式：

甲船顺水速度+乙船逆水速度=甲船静水速度+乙船静水速度。

（3）两船同向航行的公式：

后（前）船静水速度-前（后）船静水速度=两船距离缩小（拉大）速度。

（求出两船距离缩小或拉大速度后，再按上面有关的公式去解答题目）。

流水行船问题，仍然利用速度、时间、路程三者之间的关系进行解答。解答时要注意各种速度的含义及它们之间的关系。

【破案趣题】最快到达的途径

保罗侦探事务所的老探长保罗最近遇到了点难题。是什么呢？原来他已到了退休的年龄，而新探长的人选他还没有挑好。

他有两个助手，肖恩和伯德。两人是三年前被保罗探长招进事务所的，三年来，他们跟保罗探长一起外出办案，学习了很多破案的实用知识和技巧。保罗就是要从他们当中选出一个接任探长的人选。

肖恩和伯德在勇气这方面表现得都不错，在谋略方面也不分伯仲。这可难坏了保罗探长，怎么选啊？

正好，这天他接到一个报案电话，说是一家珍稀动物繁殖所被盗，请他去破案。他就想趁此机会考一考肖恩和伯德。

保罗探长对他们说："飘香谷里的珍稀动物繁殖所，昨天夜里被盗了。现在，你们需要赶到那里侦查一下现场。到那里有两条路可走：一条是水路，只要坐船穿过飘香湖就直接到达繁殖所了；一条是陆路，沿着飘香湖边走，但谷外有马匹租赁，所以可以骑马。现在就看你们谁先到达。"保罗探长接着说道："你们俩各选一条路分别前去。乘船可以直接到达；骑马可沿飘香湖边走，但只能骑2/3的路程，还有1/3的路程必须下马步行。我已经打听到，骑马的速度是乘船的3倍，而步行的速度是船速的2/5。"保罗探长又顿了顿，说道："我知道的就是这些了，你们俩选择吧。谁最先到达珍稀动物繁殖所，谁就是保罗侦探事务所探长的后备人选。你们明白了吗？"

"明白！"两人异口同声地回答。

"好了，选吧！"

两人开始埋头思考起来。肖恩边思考边在心里快速计算了一番，他首先对保罗探长说："探长，我想选乘船。"

"哈哈！"这可正中伯德的下怀，他想选的正是骑马。他马上说道："探长，既然肖恩选择乘船，那我只好选择骑马了！"

"好！既然你们都已经选择完毕，就出发吧。记住，谁先到达，谁就是探长的后备人选。"保罗探长再一次强调。

"好！"两人连声答应后，就出发了。他们一个乘船，一个骑马，向珍稀动物繁殖所奔去。

"胜负已定了。"保罗探长看到自己多年栽培的两个人远去，他竟"嘿嘿"笑了起来。

想一想，你能够解开保罗探长试探两个候选人的秘密吗？

答案：

其实，这是一个行程的问题。解答思路如下：

设总路程为s，又设乘船去所用时间为t，船的速度为v。这样，肖恩所用的时间$t=s/v$。

伯德骑马走了全路程的2/3，即$2/3\times s$，速度为$3v$，骑马所用的时间是$2/3\times s\div 3v=2s/9v=2/9\times t$；步行的路程为$1/3\times s$，速度为$2/5\times v$，所用时间为$1/3\times s\div(2/5\times v)=5s/6v=5/6\times t$。伯德所用的时间为：$5/6\times t+2/9\times t=19/18\times t$。

因为$19/18\times t>t$，所以，必然是肖恩先到达。

第7章

逻辑推理

——拨开疑案迷雾

谁是小偷

中午，摩根探长接到一个奇怪的报案，报案人是这样说的：我抓了三个人，其中一人偷了我的宝石，但我不知道是哪一个。请您来判断一下，三人中到底哪个是偷我宝石的小偷。

还有比这个更轻松的案件吗？人家都替你把罪犯抓住了，你只要指出罪犯是谁，然后带回来就 OK 了。于是，摩根探长和助手欣然前往。

等到达报案人说的珠宝店时，珠宝店的老板奈特先生已经在门口等候了。看到摩根探长到来，高兴地说道："探长，您终于来了。"摩根探长一边问道："到底是什么情况？"一边随着他向店内走去。

进到店内，摩根探长才发现，一群穿制服的年轻男女将三个小伙子围在中间。看到这样的情景，摩根探长还没等奈特先生回答第一个问题，就接着问道："这是怎么回事？"

奈特连忙介绍说："穿制服的是我的店员，中间的那三个小伙子就是我说的那三个人，他们当中有一个人偷了我的宝石。"

看到摩根探长到来，被围在中间的三个小伙子几乎同时叫道："赶紧揪出小偷，放我走！"看来，他们都急于撇清自己。

摩根探长不理会他们，又问奈特店长："到底是什么情况？"

奈特店长介绍道：

"因为我的珠宝店货真价实，而且地理位置又好，生意一直十分兴旺。今天周末，顾客就更多一些。中午的时候，人更是特别多。柜台前都挤满了前来购买珠宝的人，我面前的人更是多得要命，因为我负责的是名贵珠宝的专柜。突然，围在我周围的人开始往前挤，并且还有人挤进了柜台里面。我一边将人往外推，一边大喊：'不要往这里挤！'但没人理会。当人群从柜台散开后，我一看，吓出一身冷汗，一颗价值 30 万的红宝石不见了。

"我当时就根据自己的记忆，连同店员，将刚刚挤进柜台的三个小伙子抓住了。但是奇怪的是，并未从他们身上搜出宝石。就推断，肯定是小偷将宝石藏起来了。然后，就立即向摩根探长报了案。”

摩根探长听完奈特店长的介绍，转身面向三个可能是小偷的小伙子。他将三人一字排开，说道：“你们三人站好，现在进行现场询问。”

摩根探长问第一个小伙子甲说：“你是小偷吗？”

甲立即回答：“我当然不是小偷。”

摩根探长佯装没有听清楚，又问第二个小伙子乙说：“他说什么？”

“他说他不是小偷。”乙诚实地回答。

摩根探长转头又问第三个小伙子丙说：“是这样的吗？”

丙转了下眼珠，回答说：“不是，甲说他是小偷。”

摩根探长又回过头来问甲：“丙说你什么来着？”

甲回答：“他说我是小偷。”

这样的询问，听得奈特店长莫名其妙。摩根探长却高兴地说：“哈哈！我知道谁是小偷了。”

“谁？”奈特连忙问道。

“就是他！”摩根探长将手指指向丙，“丙就是小偷，把他抓起来！”一直在一旁的助手麻利地给丙戴上了手铐。

“宝石没在我身上，你们凭什么说我是小偷！”丙急了。

“哼，别以为你把宝石藏起来我就没办法了。”摩根探长说道。之后，他转向奈特店长和他的店员说道：“你们所有人回忆一下，丙从柜台挤出来后，到过哪些地方？”

奈特店长首先回答说：“我发现宝石被偷后，就想到他和其他两个人挤进过柜台，一抬头，发现他正要出店门，就连忙让店员把他给推了回来。”

店员 A 说：“我面前的顾客相对较少，我看到他从店长面前的人群挤出来后，就急忙往门口走，直到被店员 B 推回来。”

店员 B 说：“我推他的时候，注意到他往门口的柜台上靠了靠身子，才跟着我走进了店里。”

摩根探长一听，心里判断道：这里就是他藏宝石的地方了。他走到门口的柜台边，问店员 B："他是靠在这个柜台上吗？"

"是的！"店员 B 肯定地回答。

摩根探长开始仔细搜查起这个柜台来，果真不出他所料，在柜台底下，摩根探长摸出了一枚红宝石。奈特店长一看，惊喜地叫道："就是这枚宝石。"

"看吧看吧！是你们不小心弄丢了，不是我偷的！"丙还想抵赖。

"胡说！开店之前我还检查过，红宝石好好地躺在柜台里。"奈特店长生气了。

"我看你是不见棺材不落泪，非要我把宝石拿回去采集指纹，然后跟你对比相吻合后，你才承认偷了宝石吗？"摩根探长严厉地说道。

听摩根探长这样说，丙仅存的一点侥幸心理被击溃了，一下子萎靡地垂下了头。他承认自己见财起意，就推着人群往前挤。挤到柜台里趁奈特不注意，就偷偷拿走了宝石。当被店长发现时，就把宝石偷偷地扔到了门边柜台底下，想着以后再来取走。

这就是天网恢恢疏而不漏，他打的如意算盘被摩根探长一下给识破了。

看到小偷认罪，最高兴的要属奈特店长了。他对摩根探长的询问方式非常好奇，禁不住问道："你判断丙是小偷，是因为刚才只有丙说了谎话吗？"

"是的。"摩根探长回答道。

"如果你第二次问甲，甲不是重复丙的话，而是再次强调自己不是小偷，你又怎么判断呢？"奈特店长还挺善于思考的呢。

"这留给读者去判断吧！"摩根探长保留了看法。

咦，你知道摩根探长第一种情况是怎么判断的吗？第二种情况又应该怎么判断呢？

这里就要运用到数学推理。数学推理，来自严密的逻辑关系，只要掌握了其中的道理，就可以很好地解决这个问题。

这个判断中，不管甲是不是小偷，他都必然表白他不是小偷。乙重复了甲的话，说了实话，因此是诚实的好人。丙篡改了甲的话，说了假话，所以他是小偷的最大嫌疑人。因为只有小偷才急于把罪名往别人身上扣。回过头来，甲又重复了丙的话，承认丙说自己是小偷，因此也是个诚实的好人。

因此，摩根探长判断：甲、乙两人不是小偷，丙是小偷。

第二种情况：

摩根探长会根据甲第二次不敢重复丙的话，两次表白自己不是小偷。判断甲、丙有可能是合伙的小偷，而乙仍是个诚实的好人。

学一点逻辑，可以增加自己的辨别能力和推理能力哦。

【知识链接】了解推理

推理，是研究人们思维形式及其规律和一些简单的逻辑方法的科学。推理是一种形式逻辑，其作用是从已知的知识得到未知的知识，特别是可以得到不可能通过感觉经验掌握的未知知识。

推理主要分为演绎推理、归纳推理和类比推理三种。演绎推理，是从一般规律出发，运用逻辑证明或数学运算，得出特殊事实应遵循的规律，即从一般到特殊。归纳推理，就是从许多个别的事物中概括出一般性概念、原则或结论，即从特殊到一般。类比推理，是从特殊性前提推出特殊性结论的一种推理，也就是从一个对象的属性推出另一对象也可能具有这种属性。

思维形式是人们进行思维活动时对特定对象进行反映的基本方式，即概念、判断、推理。思维的基本规律是指思维形式自身的各个组成部分的相互关系的规律，即用概念组成判断，用判断组成推理的规律。它有四条：即同一律、矛盾律、排中律和充足理由律。

简单的逻辑方法是指，在认识事物的简单性质和关系的过程中，运用思维形式有关的一些逻辑方法，通过这些方法去形成明确的概念，做出恰当的判断和进行合乎逻辑的推理。

学习形式逻辑知识，可以指导我们正确进行思维，准确、有条理地表达思想；可以帮助我们运用语言，提高听、说、读、写的能力；可以用来检查和发现逻辑错误，辨明是非。同时，学习形式逻辑还有利于掌握各科知识，有助于将来从事各项工作。

【破案趣题】辨别谁是凶手

4 月的一天，某宾馆发现了一具尸体。宾馆老板马上报案，十分钟后，警察到达，并封锁了现场。法医通过解剖尸体发现，死者死于枪击，子弹射中心脏，当场死亡。

人命关天，警察局立即展开调查。摩根探长也被请去协助调查，他经过排查，发现三人有作案嫌疑，而且都没有不在场的证明。

摩根探长传讯了这三个嫌疑人，并且分别审讯了三人。审讯记录如下：

甲说："死者不是丙杀的，是自杀的。"

乙说："他不是自杀，是甲杀的。"

丙说："不是我杀的，也不是乙杀的。"

这样的供词，本身就十分奇怪。而摩根探长接下来的办案记录更奇怪，因为他并没有指出到底谁是凶手，而是写下了这样一句话作为结语：

"后来经过进一步查实，这三人的话都只有一半是正确的。"

警官邦德心里窃喜，这不是考验他的能力的绝好机会吗？于是他开始努力思考，下定决心找出这个杀人凶手。

邦德根据以上信息，终于推断出了谁是凶手。在事实面前，凶手供认不讳。

你知道邦德是怎么推理的吗？

答案：

假设一：死者是自杀的。

甲说"死者不是丙杀的"就是假话，则是丙杀的。

乙说"他不是自杀"是假话，则"甲杀的"是真的。

丙说"不是我杀的"为假话，则推出是乙杀的。

这三条结论是矛盾的，是不符合逻辑的，所以判断死者不是自杀的。

假设二：死者不是自杀。

甲说“死者是自杀”的为假话，则“死者不是丙杀的”是真的。

乙说“他不是自杀”为真话，“是甲杀的”是假的，即不是甲杀的。

丙说“不是我杀的”，根据甲的结论可知，是真话。则“也不是乙杀的”为假话，即是乙杀的。

所以，杀人凶手是乙！

巧判真假罪犯

一天深夜，伦敦的一栋公寓连续发生 3 起刑事案件。一起是谋杀案，住在 4 楼的一名下院议员被人用手枪打死了；一起是盗窃案，住在 2 楼的一名名画收藏家珍藏的 6 幅 16 世纪的油画被盗了；一起是强奸案，住在底楼的一名漂亮的芭蕾舞演员被暴徒强奸了。

报警之后，伦敦警察总部立即派出大批刑警赶到作案现场。根据罪犯在现场留下的指纹、足迹和搏斗的痕迹，警方断定这 3 起案件是由 3 名罪犯分头单独作案的（后来证实这一判断是正确的）。

经过几个月的侦查，警方终于搜集到大量的确凿证据，并逮捕了 A、B、C三名罪犯。在审讯中，三名罪犯的口供如下：

A 供称：

1. C 是杀人犯，他杀掉下院议员纯粹是为了报过去的私仇。
2. 我既然被捕了，我当然要编造口供，所以我并不是一个十分老实的人。
3. B 是强奸犯，因为 B 对漂亮女人有占有欲。

B 供称：

1. A 是著名的大盗，我坚信那天晚上盗窃油画的就是他。
2. A 从来不说真话。
3. C 是强奸犯。

C 供称：

1. 盗窃案不是 B 所为。
2. A 是杀人犯。
3. 总之我交代，那天晚上，我确实在这个公寓里作过案。

3 名罪犯中，有一个人的供词全部是真话，有一个最不老实，他说的全部是假话，还有一个人的供词中，既有真话也有假话。

A、B、C 分别作了哪一个案件，看完口供后刑警亨利已经做出了判断。

你知道吗？

亨利告诉我们，这个案件可以从分析A、B、C三者的口供入手，而从A的口供入手更好一些。

A 说："我既然被捕了，当然要编造口供，所以我并不是一个十分老实的人。"

分析这句话，就可以推定 A 的口供有真有假。因为，如果 A 的口供全是真的，那么他就不会说自己编造口供；如果 A 的口供全是假的，那么他就与他说的这句话有矛盾。

既然 A 的口供有真有假，那么 B 的口供或者是全真的，或者是全假的。

而 B 说："A 从来不说真话。"由此可见，B 的这句话是假的，这就可判定 B 的话不可能是全真的，而是全假的。

既然 B 的话全假，那么 C 的话是全真的。而 C 说 A 是杀掉下院议员的罪犯，B 不是盗窃作案者，所以 B 是强奸犯，而盗窃油画的罪犯只能是 C 本人了。

【知识链接】话说逻辑思维

逻辑思维是人们在认识事物的过程中借助于概念、判断、推理反映现实的思维方式。它同形象思维不同，用科学的抽象概念揭示事物的本质，表述认识现实的结果。逻辑思维也叫抽象思维。

逻辑思维是人脑的一种理性活动，思维主体把感性认识阶段获得的对于事物认识的信息材料抽象成概念，运用概念进行判断，并按一定逻辑关系进行推理，从而产生新的认识。逻辑思维具有规范、严密、确定和可重复的特点。

逻辑思维要遵循逻辑规律，这主要是形式逻辑的同一律、矛盾律、排中律，辩证逻辑的对立统一、质量互变、否定之否定等规律。违背这些规律，思维就会发生偷换概念，偷换论题、自相矛盾、形而上学等逻辑错误，其认识就是混乱和错误的。

逻辑思维是分析性的，按部就班的。进行逻辑思维时，每一步必须准确无误，否则无法得出正确的结论。我们所说的逻辑思维主要指遵循传统形式逻辑规则的思维方式，常称为“抽象思维”或“闭上眼睛的思维”。

数学就是这样一种在逻辑思维模式下的学科，自然与之相辅相成。学好数学能增强一个人的逻辑思维能力。

【破案趣题】从嫌疑犯的笔录入手

6 月 13 日，A 市叶绿大街的一家珠宝店被盗了。警察接到报案后，马不停蹄地赶到现场勘查、取证，进行了大量的调查后，抓获了 6 名嫌疑人。其中有 2 名有不在现场的证据，最终确认后被排除，最后剩下 4 名嫌疑犯。于是，警察便对他们进行了审讯。有趣的是，每个人都只讲了四句话，并且都有一句是假话。其笔录记述是这样的：

韩一思：“我从来就没有到过 A 市。我没有犯盗窃罪。我对犯罪过程一无所知。6 月 13 日我和张力宫一起在 B 市度过的。”

赵尔多：“我是清白无辜的。我在 6 月 13 日那天与张力宫闹翻了。我从来也没有见过韩一思。韩一思是无罪的。”

阿大利：“赵尔多是罪犯。张力宫和韩一思从来也没有到过 B 市。我是清白的。是韩一思帮助赵尔多盗窃了珠宝店 。”

张力宫：“我没有盗窃珠宝店。6 月 13 日我和韩一思在 B 市。我以前从未见过阿大利。阿大利说韩一思帮助赵尔多盗窃珠宝店是谎言！”

请你根据上述 4 名嫌疑犯的供词，指出谁是真正的盗窃犯。

答案：

因为每个人都只有一句话是假的，首先看韩一思。韩一思说：“我没有犯盗窃罪。”如果这句是假的，那么他就是盗窃犯，则：“我从来就没有到过 A 市。我对犯罪过程一无所知。6 月 13 日我和张力宫一起在 B 市度过的。”都是假话，所以“我没有犯盗窃罪。”是真话，也就是韩一思不是盗窃犯。

再看阿大利。他说："我是清白的。"如果这句是假的，那么他就是盗窃犯，则："赵尔多是罪犯。是韩一思帮助赵尔多盗窃了珠宝店。"都是假话，所以阿大利也不是盗窃犯。

第三看张力宫。他说："我没有盗窃珠宝店。"如果是假的，那么他就是盗窃犯，则："6月13日我和韩一思在B市。"也是假话。所以张力宫也不是盗窃犯。

赵尔多说："我是清白无辜的。"是假话，别的都是真话。因此，他就是盗窃犯。

追回珍宝

入冬了，深夜的街道格外地冷清。昏黄的月光下，一个身手矫健的黑影爬墙而上。只听见一声轻微的“咣当”声，黑影消失在二楼的一个窗户里。

第二天，一家珠宝首饰店报案：昨天夜里，店里遭到偷窃，大部分珠宝首饰被盗。

威尔逊警官接到报案后，火速赶往现场，但没有发现任何有价值的线索。接着他搜查了当地的所有珠宝店和珠宝市场，也没发现任何被盗珠宝的痕迹。经过多天的调查，也没发现有关盗贼的蛛丝马迹，无奈之下，他只好向鼎鼎有名的摩根探长求助。

当听完威尔逊警官的叙述后，摩根探长反问道：“你说，你偷了东西，你会把它们藏到珠宝店或者银行的保险箱里吗？”

“哦，我当然不会。”威尔逊警官脱口回答。

“哈哈！那就是了。”摩根探长说，“不要到那些光明正大的地方去找，应到那些不起眼的、不会引起人们注意的地方走走。”

“哪里是不起眼、不会引起人们注意的地方呢？”威尔逊警官疑惑地问道。

“跟我来！”说完，摩根探长带着威尔逊警官驱车赶到了附近的贫民区。

威尔逊警官一脸的狐疑：“这里能找到破案的线索吗？”

还没有等摩根探长再说什么，一个瘦弱的年轻人从身后鬼鬼祟祟地闪了出来。他低声问：“先生，要珠宝吗？价格很便宜。”

“有一点兴趣。”摩根探长故作漫不经心地说，“在哪里？带我去看一看。”

只见那个青年人犹豫了一下，摩根探长马上补充了一句：“我是一个珠宝收藏家，要是我喜欢的话，我会全部买下来的。”

那人听说是个大客户，就不再犹豫，带着他们走过一个狭小的胡同，来到一个不大的殡仪馆。在那里还有一个年轻人，二十五六岁的样子。在他面前堆满了已经从 1 到 500 编好数字的骨灰箱。

殡仪馆里的年轻人和带他们来的年轻人交谈了几句，就取出了笔算了起来。他写道：×××+396=824。显然，第一个数字应该是428，他打开428号的骨灰箱，取出了一颗精美的珍珠，正是珠宝店被盗之物。

威尔逊警官心里大喜，悄悄和摩根探长交换了一个眼色，意思是行动。

正当威尔逊警官将手伸向腰部的手枪时，被那个拿珠宝的年轻人看到了。他急忙把珍珠和骨灰盒一同砸向威尔逊警官，然后转身拔腿跑了。威尔逊警官连忙追了出去，而摩根探长也迅速制住带他们来的年轻人。

不一会，威尔逊探长回来了，他喘着粗气说："那人就像兔子，跑得太快了，没追上。"

摩根探长开始对被制服的年轻人进行审讯。

"我什么也不知道。"年轻人看着威严的摩根探长，战战兢兢地说，"我只是帮他找买家而已，成交一笔他给我100美元。"

"还有呢？"摩根探长追问。

"我只知道东西放在10个骨灰盒里，他说过这些盒子都有联系而且都是400多号的……"

"联系？什么联系？"威尔逊警官在旁问道。

"这种秘密，他哪里会告诉我。"年轻人说道。

摩根探长却琢磨起来，接着，他发现了一个有趣的现象：把428这个数字的顺序反一反，就是824，这就是说，其他的数字也有同样的规律！哈哈！这问题就简单了。摩根探长不用1分钟就找到了答案。

噢，你能够算出藏宝的骨灰盒吗?

摩根探长注意到，第一个加数以及和是变化的，而第二个加数固定不变；和的十位上的数字与第一个加数的十位上的数字相同，这就要求个位上的数字相加一定要向十位进1，这个1与第二个加数396十位上的9相加得整数10向百位进1；又已知这些骨灰盒都是400多号，所以两个加数的百位数4+3+1（进位）=8，也就是说和的百位上的数字一定是8，那么第一个加数个位上的数肯定是8。综上所述，第一个加数为4△8；而这个加数十位上的数字△从0到9都符合条件，因此，藏有赃物的另外9个箱子的号码是：

408，418，438，448，458，468，478，488和498。

【知识链接】数的分拆和组合

"1"是自然数的基本单位，任何一个自然数都可以由若干个"1"组成。然而，对于一个具体的数，它的分拆组合一般有若干不同的方式，而不是死板教条地把一个数分拆成若干个"1"。一个多位数可以采用十进制计数法，表示为各个数位上数字所表示的数值的和。

例如，75 043=70 000+5000+000+40+3 或 $75\ 043=7\times10^4+5\times10^3+0\times10^2+4\times10+3$。

在具体对待某一个数字中，数的分拆还有很多种方式。例如，2和7，3和6，4和5，都组成9；4和6，3和7，2和8，都组成10。

又如，在计算中，为了简便计算，通常将199表示为（200−1），32表示为8×4等。

为了更直观地理解数的分拆和组合，我们不妨看看下面的计算：

356+199=356+（200−1）=356+200−1=556−1=555；

473−199=473−（200−1）=473−200+1=273+1=274；

125×25×32=125×25×（8×4）=125×25×8×4=（125×8）×（25×4）= 1000×100=100 000

不难看出，这样分拆和组合会使计算变得更简单，避免计算上容易犯的很多错误。

【破案趣题】贩毒犯的代号是多少

有一个贩毒集团乘上了一列火车。根据情报，有10个人是在全国各地分头作案的嫌疑犯，他们彼此互不认识。他们每个人分别有一个代号，即：1、2、3、4、5、6、7、8、9、10。贩毒头目下令，要他们来到列车餐车的车厢里秘密集会，按照代号的次序坐好，接受任务。

A警官接到上级命令，要根据以上线索，逮捕这帮贩毒分子，免得他们扰乱社会治安。A警官感觉任务重大，带上一帮人提前潜伏到火车上，扮成商人、经理等。A警官来到餐车车厢里，人陆陆续续到齐，发现有两桌坐了10个人，其他桌有坐4到5个人的。显然，坐了10个人的那两桌嫌疑最大。那么，到底是哪一桌呢？

A警官敏锐地发现，其中有一桌是随便乱坐的，另一桌似乎早有规定，按照约定的号码坐下。他估计每个人的座号一定就是他们的代号。

就餐开始了。那桌有着最大嫌疑的人开始用暗语对话，似乎对是否用餐无所谓。餐后，他们便分成了四组向列车的前方和后方离去，圆桌上只剩下对坐的2人还在用餐。这时，A警官看时机成熟，马上下令逮捕还在餐桌上用餐的2个人。

A警官审问他们："你们的代号是多少？"

其中，一人闭口不说，愤恨地瞪着他们；另一个人却挑战似的说道："我只知道4组人中每组座位号数之和，等于我们其中一人的座位号。"言外之意，序号靠你们这帮警察去猜。

A警官微微笑道："你以为这样就能难住我们吗？我现在已经知道你们的代号了！对于你们这些人，我们已经将照片拍下来，并进行跟踪了，你们一个也跑不了！"

读者朋友们，你知道剩下这2人的代号是多少吗？其他四组人的代号又是多少呢？

这两个人的代号是5和10。另外四组嫌疑犯的代号分别是：1和9，2和8，3和7，4和6。

短信密码破译

王亚兰才30岁出头，脸庞清瘦，没有血色。有一次她回家，妈妈问她怎么回事？她说是上班累的。妈妈便心疼地说："亚兰，要注意休息，不能这样拼命工作，否则会把身体搞垮的。"王亚兰只好当面应允妈妈今后会注意休息。

但她清楚，她不是上班累的，而是吸毒造成的。她永远记得那个灰色的日子。

那是2010年10月的一个下午，她从岳阳乘车回平江，车上遇见了久未谋面的初中同学滕一凯，滕一凯邀请她到家里去玩。第二日晚上，王亚兰应邀前往，她没有料到，这一去竟是一条不归路。

到了滕一凯家，他从抽屉里拿出一个纸包问王亚兰："你平时感冒多吗？这东西除了能治感冒外，还能提神，只要吸上几口就像做神仙！"王亚兰知道是毒品，马上推辞说："这东西我一辈子都不会碰的。"说罢起身要走。滕一凯拦住了王亚兰，转换话题问她在哪里上班，工作辛苦不辛苦。王亚兰如实说："每天三班倒，累得人都要散架了。"这话正中了滕一凯的圈套，他又以三寸不烂之舌把毒品的"神奇功效"吹得天花乱坠，并说吸毒没有一年半载是不会上瘾的。王亚兰信了，心想"自己玩几次也不会碍事"，而没想到的是，这一吸却让她后悔终生。

这些年来，王亚兰因吸毒丢掉了工作，还把和丈夫省吃俭用积攒起来的20万元都拿来买了毒品，最后丈夫跟她离了婚。这事情她妈妈后来才知道，但已经晚了。妈妈责怪她："你怎么能吸毒呢？"王亚兰感叹地说："若是当初对毒品多点了解，就不会落到今天这个样子了。"

如花似玉的女儿变得人不人鬼不鬼，妈妈心痛极了，于是她决定让女儿戒毒。但她发现还有些贩毒人员经常接触女儿，她问女儿，女儿也不坦白相告，只是说一些朋友找她。妈妈感到不对，她决心让女儿远离毒品，尤其是不能再让贩毒人员接近女儿。于是，王亚兰的妈妈就对可疑对象进行跟踪，跟踪了半个月之后，终于发现了贩毒人员交换毒品的场所。王亚兰的妈妈马上拨通了110电话报警。

接到电话后，张警官带领几名警察马上行动，在一家宾馆里，抓获一名涉嫌进行毒品交易的毒贩，查获了大量将用于购买毒品的现钞，共计人民币500万元，还有手机和笔记本电脑。但是该贩毒嫌疑人拒不交代其准备何时何地交易及向谁购买毒品，只交代了自己的名字叫马一波，是河南洛阳人。破案人员与当地公安局联系，得知马一波从一所理工大学毕业，毕业后分配到一家化工厂工作，工作还算积极，后因偷盗被单位开除，之后就一直没有找其他工作。

在审问时，他态度极为不老实，说："就这些东西，要看自己看。"以便拖延时间，让他的上线有时间逃跑。

张警官仔细搜查了他的个人物品。当打开电脑找破案证据时，发现电脑设有密码，开不了机。于是，他又查看马一波的手机，在马一波的手机短信里，竟藏着这样一条奇怪的短信：

英文26个字母A、B、C……Z依次对应1、2、3……26这26个自然数。

字母	A	B	C	D	E	F	G	H	I	J	K	L	M
序号	1	2	3	4	5	6	7	8	9	10	11	12	13
字母	N	O	P	Q	R	S	T	U	V	W	X	Y	Z
序号	14	15	16	17	18	19	20	21	22	23	24	25	26

当明码字母对应的序号 x 为奇数时，密码字母对应的序号是 $\frac{x+3}{2}$；

当明码字母对应的序号 x 为偶数时，密码字母对应的序号是 $\frac{x}{2}+14$。

按照这个规定，明码"HOPE"即为"computer"开机密码。

“这条手机短信很可能就是电脑的开机密码。”张警官初步断定，便让刚从警校毕业到单位实习的小徐研究一下。

小徐年轻，脑子活，马上计算起来：

根据题意和算式，H 对应的序号是 8，则密码对应的序号应是 18，与此对应的密码字母即为 R； O 对应的序号是 15，则密码对应的序号是 9，即密码字母为 I； P 对应的序号是 16，则密码对应的序号是 22，即密码字母为 V； E 对应的序号是 5，则密码对应的序号是 4，即密码字母为 D。

这四个密码字母组合起来就是：RIVD。

他们马上在电脑上输入这四个字母，电脑果然被打开了。小徐马上查找与破案有关的文件。

在一旁察言观色的马一波顿时像泄了气的气球——瘪了，他没想到自认为高深的密码一下子就被警察破解了，他太低估警察的能力了。

最后，小徐在文件里发现了一个重要通知：

弟兄们：

本月 18 日 8 点在驼峰市海鲜大酒店 3 楼 “214” 房间聚会，老黑给我们布置新的任务，会有大把的钞票可赚，行动重要，切莫错过。

张警官看了一下日期和时间，毒贩聚会时间刚好是第二天上午，距离现在不到 16 个小时了，好险，差点错过了这个机会！

于是，张警官马上紧密部署，第二天上午把包括贩毒头目老黑在内的贩毒团伙一网打尽，铲除了危害当地社会的毒瘤。

【知识链接】密码是怎么回事

密码与数学的关系十分密切。

自古以来，先有数学，然后有了密码，密码是博大精深的数学文化中的璀璨一页。人类遵循着数学的逻辑规律，发明出各种密码，并将其延伸为一门学科：密码学。也就是说，解开复杂密码的通常不是语言学家，而是数学家。

我们经常遇到有关密码的问题，所以我们有必要对密码有所了解。

研究编制密码和破译密码的科学是密码学，它研究的是密码变化的客观规律。应用于编制密码以保守通信秘密的，称为编码学；应用于破译密码以获取通信情报的，称为破译学。它们总称密码学。

密码是通信双方按约定的法则进行信息特殊交换的一种重要保密手段。依照这些法则，变明文为密文，称为加密变换；变密文为明文，称为脱密变换。密码在早期仅对文字或数码进行加、脱密变换，随着通信技术的发展，对语音、图像、数据等都可实施加、脱密变换。

密码学是在编码与破译的斗争实践中逐步发展起来的，随着先进科学技术的应用，已成为一门综合性的尖端技术科学。它与语言学、数学、电子学、声学、信息论、计算机科学等有着广泛而密切的联系。它的现实研究成果，特别是各国政府现用的密码编制及破译手段都具有高度的机密性。

例如，只需重排密码表二十六个字母的顺序，允许密码表是明码表的任意一种重排，密钥就会增加到四千亿亿亿多种，我们就有超过4×10^{27}种密码表，破解就变得很困难。

有关密码的术语有：

密钥：分为加密密钥和解密密钥。

明文：没有进行加密，能够直接代表原文含义的信息。

密文：经过加密处理之后，隐藏原文含义的信息。

加密：将明文转换成密文的实施过程。

解密：将密文转换成明文的实施过程。

密码算法：密码系统采用的加密方法和解密方法，随着基于数学密码技术的发展，加密方法一般称为加密算法，解密方法一般称为解密算法。

迈斯特探长，在当地是鼎鼎有名的破案高手，比较重大的案件大家都喜欢

找他破案。一次，他奉警察局的指示，要捣毁一个贩毒集团。迈斯特探长经过长时间的调查、跟踪，终于查清这个贩毒团伙的贩毒路线。一天，他获得情报，贩毒者要在A海附近的一个海滩上交货。这里，礁石密布，水下环境复杂。应该说，这个交货地点选得比较好，因为大的舰船无法过来，跟踪不容易，逃离也比较方便。迈斯特探长带领几个警察乘小船事先埋伏在一个比较大的礁石后面，将小船拴好，等待目标出现。眼看要过交货时间了，贩毒船还没有来，难道是事前走漏了风声？还是情报不正确，上了贩毒者的当？正当迈斯特探长疑惑的时候，突然看到了不远处的海面上有条大船开过来了，不一会儿大船停止前进，抛下一只动力小船，向礁石这边驶来。礁石另一边也开出一条小船。这两条船逐渐接近，最终靠在一起，他们准备一手交钱，一手交货了。迈斯特探长一声令下："出击！"埋伏在礁石后面的警方小船开足马力，向那两条小船急速驶去。对方一看不好，马上调转船头想逃跑。不料，从大船下来的那条小船逃走时没控制好方向，一头撞到礁石上，当场翻船，船上的人葬身大海。

另一条小船的人被警察抓获，并进行当场审讯，罪犯交代：他们这次是接头谈"生日"。

迈斯特探长吩咐将死者打捞上来，从死者身上搜出一个金属盒子，打开后看到上面有一份密码，上面写着：101、100、102、210、001、112。

这份情报的内容是以下三者之一："盼归""寄款""买书"。特别有趣的是，这组密码运用了汉语拼音的规律，而且这组密码运用的是三进位制。

请问：这组密码是什么意思？

附：三进位制与十进位制对照表

十进位制	三进位制	十进位制	三进位制
1	001	6	020
2	002	7	021
3	010	8	022
4	011	9	100
5	012	10	101

这组密码的意思是：寄款。

由三进位制规则可算出，101、100、102、210、001、112分别对应十进位制中的10、9、11、21、1、14，再对应字母表，26个字母按顺序列出来a、b、c、d、e、f、g、h、i、j、k、l、m、n……数下来，第10个字母是“j”，第9个字母是“i”，第11个字母是“k”，第21个字母是“u”，第1个字母是“a”，第14个字母是“n”，合起来为“jikuan”，即“寄款”。

给死囚放风

一天，A 国的一条繁华大街上，突然火光冲天，烟雾弥漫。有人拨打了火警电话，消防人员出警迅捷，很快将大火扑灭。同时，发现在混乱中有 8 人被刺，受伤严重，被救护车送到医院，但最后因失血过多，抢救无效死亡。

事后，警察调查发现，这是一起严重的刑事案件。警察局不敢怠慢，马上出警对现场进行调查、取证。终于弄明白了，原来是9名不法分子因对社会不满，有意进行破坏。这个团伙每行动一次，都会分散逃跑得无影无踪。

怎么抓获这帮犯罪分子，这一艰巨的任务摆在警察面前。

这天，警察局接到情报，说下午 4 点这帮犯罪分子准备在一家商场街头确定下一次行动计划。警官亲自率手下来到商场布控，下午 3 点 45 分，可疑目标出现，嫌疑人在商场里转悠了一会儿，随后，男广播员播下了这样一则寻人广告："迈斯特先生，听到广播后，请速到商场北门，您的朋友在那里等您。"

警官马上带人去商场北门，准备去逮捕接头的双方。哪里还有什么迈斯特先生和他的朋友呢？事实上，双方已经完成了接头。

怪事，这是怎么回事呢？警官感到不解，于是，分析起原因来。

"难道这是幌子？"一个警察说道。

"对的。嫌疑犯就在我们眼皮底下，转来转去，后来到了广播室柜台前站了几分钟，他们在那儿完成了情报的交换。广播只是一个幌子，掩护对方离开。"警官看完了商场的监控，终于捋清了前因后果。

"那么说男广播员也是其中一名成员。"还是那位机智的警察说道。

"对！马上逮捕男广播员。"警官下令。

在事实面前，男广播员不得不交代了自己的罪行。

原来，他们准备下一次在邻市进行一次大规模的破坏活动，标志是每人左臂上扎一条黑色的毛巾，代表是黑暗的日子。于是，警官亲自出马赶到邻市，并派了大量的便衣警察在周围密切监控，在犯罪分子动手之前，每见到一个左臂上扎黑毛巾的人就马上秘密逮捕，一点也不声张，结果逮捕了 8 名嫌疑犯，加上男广播员正好是 9 名罪犯。

经过审讯，他们交代了自己所犯的罪行，因为手里头有命案，所以等待他们的是法律的严惩。经过审判，他们将会在一周后执行死刑。

这 9 名罪犯与别的罪犯不同，他们个个“智商”很高，狡猾异常，诡计多端。如果他们在放风时接触太多，就有可能制定出越狱等危险的行动计划。

为此，监狱当局针对这个案例，开了很多次会，反复讨论，制定了详细的“放风”计划，要使任何两名犯人之间不能有多于一次的接触机会。“放风”时每 3 个人一组，用两只手铐，通过中间的人把另外两个人隔开。还有一点需要说明的是，在 3 个人一组外出“放风”时，被当中一个人隔开在两边的那两个人，不被同一只手铐铐在一起，因此，不算是一次接触的机会。

对此，监狱当局费尽心机，经过深思熟虑终于想出了办法，制定了严格的“放风”计划。

首先，他们对 9 个死囚按 1、2、3、4、5、6、7、8、9 编上号，这样便于排列。

接着，他们就按下列方式对 9 个死囚进行“放风”：

第一天：1–2–3，4–5–6，7–8–9。

第二天：6–1–7，9–4–2，8–3–5。

第三天：1–4–8，2–5–7，6–9–3。

第四天：4–3–1，5–8–2，9–7–6。

第五天：5–9–1，2–6–8，3–7–4。

第六天：8–1–5，3–6–4，7–2–9。

结果，监狱按照这个办法执行，终于安然度过了提心吊胆的 6 天，监狱长紧张的神经总算可以放松一下了。

其中一个狱警感到不解，问监狱长：“这种排列方式真的能够避免死囚犯互相串通吗？”

监狱长笑着说：“我们不妨随便选出一名罪犯，例如4号罪犯，他与其他

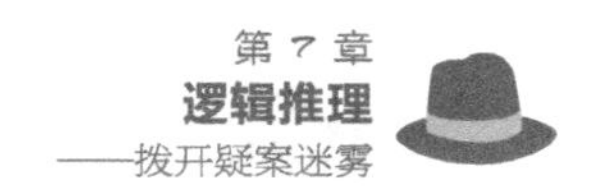

犯人铐在一起的情况是：

第一天：4–5。

第二天：4–9，4–2。

第三天：4–1，4–8。

第四天：4–3。

第五天：4–7。

第六天：4–6。

这样，不难看出，4 号死囚犯与其他 8 人只有一次铐在一起的机会，没有与同一人两次铐在一起的机会。对于其他的死囚犯来说，情况也是一样的。”

【知识链接】由生死签到随机事件

很久以前，在一个王国里，国王为了保证自己的绝对权威，谁要是得罪了他，就要被判处死刑。国王是这样规定的：死刑犯在临刑前都有抽“生死签”的机会，“生死签”一共两张纸条，一张上面写着“生”字，一张上面写着“死”字；犯人要当众抽签，如果抽到“死”字签，则立即被处死，如果抽到“生”字签，则当场赦免。

一天，国王一心想处死一个大臣，与几个心腹密谋，想出一条毒计：暗中让执行官把“生死签”的两张纸条都写上“死”字，两张纸条抽其一，该大臣必死无疑。

聪明的大臣事先获得这一消息，在断头台前，他迅速抽出一张签纸塞进嘴里，等到执行官反应过来，签纸早已被吞下。大臣故作叹息说：“我听天意，将苦果吞下，只要看剩下的签纸是什么字就清楚我选择了什么结果。”剩下的纸条当然写着“死”字，国王怕触犯众怒，只好当众释放了大臣。

应该说这位聪明的大臣因机智而死里逃生。

这里涉及随机事件，事件发生的可能性要注意一定的条件。条件改变了，事件的结果会发生改变。

随机事件是指在一定条件下，可能发生，也可能不发生的事件。随机事件与确定性事件相比，是不确定的，因为对这种事件我们不能确定它是发生，还是不发生，即对事件的结果无法确定。

例如，有 5 名同学参加演讲比赛，以抽签方式决定每个人的出场顺序，签筒中有 5 根形状、大小相同的竹签，上面分别标有出场序号 1、2、3、4、5。小强首先抽签，他在看不到签上的数字的情况下从签筒中随机（任意）地取出一根竹签，可能有什么样的结果呢？

序号 1、2、3、4、5 的竹签他都有可能抽到，共有 5 种可能的结果，但是无法预料他第一次抽取会出现哪一种结果。

这就是数学上的随机事件。

【破案趣题】罪犯可能逃走的路线

侦查犯罪现场的时候，有两处地方是要仔细侦查的——入口处和出口处。在这两个地方罪犯很可能留下犯罪活动的痕迹，往往给警察破案带来破案线索。

在绿叶大街的东端有一家银行，这里车水马龙，行人川流不息。一位老人从银行取钱后往回走，提着提包刚走到行人斑马线，一名抢劫犯一把抢过老人的提包后，马不停蹄地跑了起来（见右图）。在这幅图中，列出了罪犯可能去过的大楼及周围的设施。要从大门开始，走过每一处地方再回到大门处，而且每一处地方只能走一次。你说，罪犯可能有几种逃跑方法？

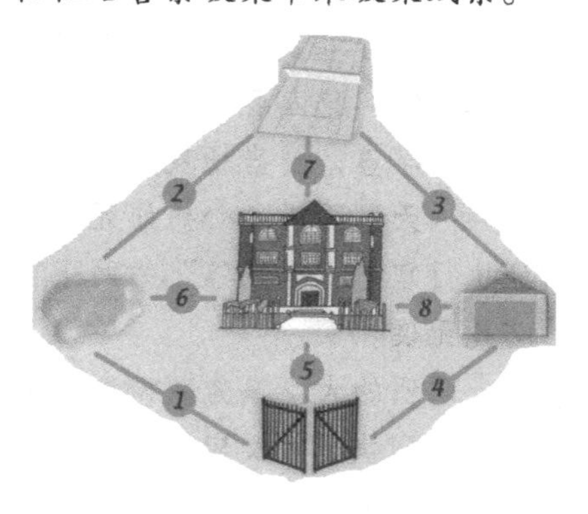

答案：

可逃走的路线共有 8 种：

1—6—7—3—4　4—8—7—2—1　4—3—2—6—5　4—3—7—6—1
5—8—3—2—1　5—6—2—3—4　1—2—7—8—4　1—2—3—8—5

电脑泄密

旺一旺电器公司的王老板最近几天费力又费神，不但要宴请客户，还要对产品进行宣讲，忙得不可开交。他最终同不少客户达成协议，客户答应回去后，同老总或其他部门商量，会在一周内给他发订单。事情在稳步地推进着，一切看起来十分顺利。

转眼过了一周，王老板吃过晚饭，准备打开电脑查看一下邮件，看客户到底发了多少张订单来。开机，按密码，进入邮箱。他哼着小曲，准备享受惊喜时刻。

当他进入邮箱界面时，发现“收信”栏竟没有新到的邮件。“哦，怎么会没有新的邮件呢？”王老板自言自语，再次点击“收信”按钮，还是没有一封新邮件。这时，王老板心凉了一大截，前段时间为了取得客户订单，公司上下忙里忙外，花费不少精力，还给对方送了不少礼。这到底是怎么回事呢？王老板百思不得其解。

带着疑问，他准备打电话问一下管营销的张主任，客户的订单是怎么回事时，邮箱的“收信”处突然显示 1 封来信。“哦，真巧，想要来信，这不就来了嘛。”王老板一边开心地想着，一边打开来信。

你可能已经发现你的邮箱里没有新邮件。不对，本来有 32 个客户发来订单要与你合作，购买你的电器。不过，是我把这帮人的邮件给炒了“鱿鱼”。应该说你的大订单、大客户还真不少呢！看来你是有魄力的。不过，你想找回邮件，想赚大钱的话，就要付出点代价，给我往账户上打 10 万元人民币。到时候，客户的回信就会恢复原状。要知道，这些客户也是别家电器公司的抢手货哦！

读到这里，王老板惊出一身冷汗：“有人侵入我的电脑，将我的信转移了，想对我敲诈！”第二天早上，王老板拨通了 110 报警电话，在办公室等候办案人员到来。

半个小时之后，赵警官带着助手开车赶到王老板的公司，来到王老板的办公室。

看完敲诈信，赵警官说："这是典型的黑客入侵，盗取了你邮箱的密码！这个问题非常严重，所以，我们应该从你手下的职工查起。"

"怎么查呢？"王老板感到不解，"难道到我职工的电脑里查？我的职工每人一台电脑，总不能当着他们的面直接查吧？否则，职工太没有面子了。"

他们说话间，一位女子未敲门直接进来了，见里面有人，她不好意思地说："对不起，我还以为没有人呢？"她送了一份文件给王老板，马上出去了。赵警官怀疑地抬头望了望她的背影，好奇地问王老板："你办公室什么人都可以进来吗？"

"当然不能。"王老板说，"像刚才这位是我的秘书姜芝美，另外还有营销部的张主任、公司的会计都可以随便到我的办公室。"

"那么多人可以随意进出你的办公室，难怪会出现这样的问题。"赵警官说，"不过，在我看来，这不应该是真正的黑客干的把戏，黑客根本看不上10万元这点小钱，他们专门进攻大的单位，一笔也可以敲诈几十万到几百万。就我们这个案子，对方只敲诈10万元，一般是同行业里的小打小闹，成不了气候。其实，现在网络上传播着不少木马程序，一些并不太懂电脑知识的人也可以拿来使用。"

"让我的助手查一下你电脑的IP地址，我去看一下你们公司的职工。"赵警官接着说道。随后，他在王老板的陪同下来到了大厅，只见20多名职工都在使用电脑工作着。赵警官没有打扰他们，和王老板悄悄退了出来。

他们边走边谈。赵警官说："你觉得公司里目前谁有作案的可能，也就是急需钱的人。"

王老板想了想说："小赵，刚结婚，需要钱的地方很多。还有，营销员老李的孩子要出国也需要钱。对了，小徐的老婆刚生孩子，也需要钱。"

赵警官和王老板一边说着，又回到了王老板的办公室，正好碰到管营销的张主任从王老板的办公室出来，碰到他们便打了个招呼："我把一份合同放到你的办公桌上。”随后，又跟赵警官点头打了个招呼，其目光有点躲闪和回避。

“哦，我看这位张主任有点可疑。”赵警官说，“他不缺钱吗？”

“他有一个儿子，夫人也上班，应该是不缺钱吧？”王老板应道，到底张主任缺不缺钱他也不知道。

“晚上，我们先对秘书、公司会计、营销部张主任的电脑查一下。”赵警官说，“白天就不打扰他们了。”

晚上，所有职工都下班了，赵警官和助手开始检查起可疑目标的电脑来。

“我知道了单位的IP地址。”助手说。

“那我们按照这个地址查一下。”赵警官说着，首先检查起姜秘书的电脑。虽然她的电脑设有密码，但赵警官一下子就破解了。经过查看，姜秘书的电脑只有关于工作的一些文件，很清白。接着，他们又查看了会计的电脑，同样是清白的。最后，赵警官检查营销部张主任的电脑。没想到，他的电脑加了特殊的密码，很难破解。赵警官虽然是个电脑通，但半个小时过去了，怎么也打不开。

正在办公桌搜集证据的助手从张主任使用的一堆文件中找出一张纸，兴奋地说：“这可能是张主任有关电脑加密的纸条，你看有没有用？”

赵警官接过后，马上看起来，只见上面写着：

最近，我设计了一些密码，还挺有意思，这里利用一次函数知识制作了一组密钥的编制程序。

以下是“字母—明码对照表”：

字母	A	B	C	D	E	F	G	H	I	J	K	L	M
明码	1	2	3	4	5	6	7	8	9	10	11	12	13
字母	N	O	P	Q	R	S	T	U	V	W	X	Y	Z
明码	14	15	16	17	18	19	20	21	22	23	24	25	26

以 $y=3x+13$ 为密钥，将“自信”二字进行加密转换后得到下表：

汉字	自		信		
拼音	Z	I	X	I	N
明码：x	26	9	24	9	14
密钥：y=					
密码：y	91	40	?	?	?

若将“自信”二字用新的密钥加密转换后得到下表：

汉字	自		信		
拼音	Z	I	X	I	N
明码：x	26	9	24	9	14
密钥：y=					
密码：y	132	47	?	?	?

记住，y 后面的三个“？”。

“嗯，这个可能就是张主任电脑的密码。”赵警官喜出望外，马上进入计算状态：

（1）因为 X 的明码是 24，其密码值 $y=3\times24+13=85$，

I 的明码是 9，其密码值 $y=3\times9+13=40$，

N 的明码是 14，其密码值 $y=3\times14+13=55$，

所以“信”字经加密转换后的结果是“854 055”；

（2）根据题意，得 $\begin{cases} 132=26k+b & ① \\ 47=9k+b & ② \end{cases}$

①-②，解得，$\begin{cases} k=5 \\ b=2 \end{cases}$

所以这个新的密钥是$y=5x+2$。

因为 X 的明码是 24，其密码值 $y=5\times24+2=122$，

I 的明码是 9，其密码值 $y=5\times9+2=47$，

N 的明码是 14，其密码值 $y=5\times14+2=72$，

所以“信”字用新的密钥加密转换后的结果是“1 224 772”。

赵警官算出后，对助手说：“你尝试一下用854 055这个密码，不行再用1 224 772。”

助手用“854 055”作为密码，电脑打不开；再用“1 224 772”，电脑打开了。

他们在张主任的电脑里，发现了很多王老板和客户的对话文件，特别是价格方面的讨价还价的语音记录，竟然还有王老板同夫人谈论家事的语音，其中不乏很多个人隐私。原来，张主任是对王老板进行了全面的监听。

“哎，这个张主任太可恶了！”王老板开始脸红了，愤愤说道。

“再继续查看。”赵警官吩咐。

助手登陆了张主任常用的邮箱，果然在里面发现了从王老板邮箱里转移过来的 32 个客户的订单邮件。张主任会给自己设计那么复杂的密码程序，他破解王老板的邮箱密码并转移其重要邮件可谓不费吹灰之力。只不过，他为什么要向王老板勒索那么多钱呢？

助手又点开了张主任电脑里一个骷髅符号的文件夹，上面竟有贩毒团伙接头的路线和地点。

原来，张主任打着销售电器设备的幌子，竟暗地里干着贩毒的勾当。

“哦，这就对了，我们发现最近有毒品悄悄进入我市，一直没有眉目呢，这下有线索了。”赵警官异常兴奋，“王老板，你先不要让张主任察觉，等我们对贩毒团伙布下天罗地网，把他们一网打尽之后，再进一步审理你这个案件。”

接下来，赵警官和助手马上开车回到局里布置新的任务……

【知识链接】公钥匙密码系统

1976年，美国著名的密码技术和信息安全专家迪菲和赫尔曼联名提出了“公钥匙密码系统”的方案。要求每位网络的通信者都拥有两个密钥，其中一个是对外保密的“私钥”，另一个是对所有人公开的“公钥”，这两把“钥匙”能够相互开启，并且是唯一存在的。私钥和公钥都可以对信息加密，但私钥加密的信息须用对应的公钥解开，公钥加密的信息则需要对应的私钥解开。使用“公钥密码系统”，网络上的双方无须传递密钥，只要有自己的私钥和对方的公钥就能进行保密通信。

通常甲乙双方可以这样进行：甲要向乙发保密信息时，甲就先用乙的公钥把信息加密，然后发给乙；乙收到信息后，必须用自己的私钥进行解密，才能看到信息的原文。对于任何人来讲，由于他们并不掌握乙的私钥，所以不可能看到原文。这样就保证了内容的保密和安全。

使用“公钥密码系统”另一种好处是，可以解决身份认证问题。甲要通过网络给任何人信息时，可以先用私钥给信息加密，再把信息发出。这就相当于甲给所发的信息“签上”了自家的“数字名字”。要想看到甲发的信息，接收方只能使用甲的公钥进行解密后才行。这就可以证明该信息是由甲发来的，而不可能是其他人，这就保证了内容的完整，并没有被篡改。

【破案趣题】破译电话号码

有一段时间，驼峰市吸毒、贩毒活动猖獗，导致当地社会不稳定，一些原来幸福的家庭，因被不法分子诱惑吸毒、贩毒，导致家庭矛盾重重，闹离婚、闹自杀的大有人在。难怪有人给驼峰市的市长打电话，要求其严惩涉毒人员，还驼峰市一个和谐、安定的社会环境。这样的电话，市长不能视而不见，马上命令当地公安局组织行动。公安局通过大量的调查、取证，初步摸清一部分人的犯罪活动。于是，实施了代号为“猎鹰行动”的大搜捕。

警察包围了一个“黑窝”，并进行围攻，犯罪分子十分猖狂，竟敢向警察开枪。警察中的狙击手奉命将持枪的头儿——毒王干掉，免得出现不必要的伤亡。一声枪响，罪名昭著的毒王“上西天”了，剩下的犯罪分子抱头鼠窜，很快投降了。

当警察打扫现场时，发现死者毒王的衣兜里有一张电话号码纸条，上面写着：

电话38 796，$3\times3=3$，$8\times7=8$，$7\times7\times7=6$，$(8+7+3)\times9=39$。

“这是什么意思呢？”一个警察好奇地问。

“可能是这帮罪犯的行动计划吧？”公安局局长说，“我们要把它破译，以便采取下一步行动，将罪犯一网打尽。”

警察中的一位破译高手很快破译了密码。原来，这是一个电话号码。后来，警察顺藤摸瓜，将这伙罪犯来个“一锅端”。

你知道这些数字表示的电话号码是什么吗？

$3\times3=3$，要使被乘数与积为相同的数值，且乘数与被乘数相同，只有算式$1\times1=1$，即“3”代表1。

$8\times7=8$，要使被乘数与积为相同的数值，算式有两种可能：“8”×1=“8”或0×“7”=0，但因密码不同的数字代表的数不同，上面已知“3”为1，所以“7”不可能等于1，只能是第二个算式成立，即“8”代表0。

$7\times7\times7=6$，三个相同的一位数相乘的积，仍然为一位数字，有两种可能：$1\times1\times1=1$或$2\times2\times2=8$，但“7”“6”表示不同的数字，故“7”只能代表2，“6”只能代表8。

$(8+7+3)\times9=39$，由前面推导已知“8”代表0，“7”代表2，“3”代表1，则有$(0+2+1)\times$“9”=1“9”，$3\times$“9”=1“9”，3与什么数相乘，积的个位数字与这个数相同？显然“9”代表5。所以，电话密码38 796破译为10 258。